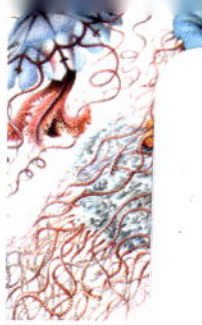

Schwarz-Rot-Gold I

Die deutschen Farben kommen aus Jena.

Napoleon vereint besiegt – Deutschland weiterhin in Kleinstaaten zersplittert. So stellte sich die Situation nach den Befreiungskriegen 1813 für die Deutschen dar. Nicht alle wollten sich damit abfinden.
Die Franzosen hatten es gezeigt: Ein geeinter Staat mit Nationalbewusstsein kann Furore im großen Stil machen. Napoleonische Truppen hatten nicht nur die damals führenden Militärmächte hinweggefegt. Sie brachten den besetzten Gebieten ein modernes Rechtssystem. Auch das Bedürfnis nach erhöhter Mobilität wurde befriedigt: durch das Anlegen breiter Chausseen. Mit Problemen wie unzähligen Landesgrenzen, Zöllen, wechselnden Zuständigkeiten musste man sich unter Napoleon nicht mehr plagen. Diese Fortschritte drohten durch die vielen Fürsten, Herzöge und Könige, die sich auf deutschem Gebiet tummelten, wieder zunichte gemacht zu werden.
Die Studenten murrten. Sie wollten konkrete Schritte zu einem einigen deutschen Staat. Am 12. Juni 1815 trafen sich einige von ihnen in der »Grünen Tanne« zu Jena. Dort gründeten sie die Gesamtdeutsche Urburschenschaft – eine studentische Vereinigung mit dem Wahlspruch: Ehre, Freiheit, Vaterland. Erklärtes Ziel: das geeinte Deutschland!
Zu ihren Farben wählten sie »Roth und Schwarz«. Die Hoffnung auf einen starken Staat fand schnell Anhänger. Ein Jahr später schenkten die »Frauen und Jungfrauen zu Jena« den »Burschen« eine selbst gefertigte Fahne. Zu Schwarz und Rot fügten sie noch ein goldenes Eichenlaub als Schmuck hinzu – die deutschen Farben waren somit 1816 erstmalig in Jena manifestiert.

Die urdeutsche Fahne, gefertigt von den »Frauen und Jungfrauen zu Jena« blieb nach abenteuerlicher Odyssee erhalten, gehört den Traditionsburschenschaften und ist heute im Stadtmuseum Jena ausgestellt.

Schwarz-Rot-Gold II

Die deutschen Farben kommen aus Jena.

Inspirierend für die Farbwahl wirkten sicherlich die schwarzen Uniformen mit roten Elementen der »Lützower Jäger«. Diese hatten sich in den Befreiungskriegen gegen Napoleon mit besonderem Mut hervorgetan. Einige von ihnen wurden Gründungsmitglieder der Urburschenschaft in Jena.
Die Fahne zeigte man auf dem Wartburgfest 1817 zum ersten Mal einer breiten Öffentlichkeit. Dort hatten sich so viele Studenten aus ganz Deutschland versammelt, dass der Ruf nach Einheit nicht mehr ungehört bleiben konnte. Über diesem Einheitswillen schwebte auch stets der Dreiklang Schwarz-Rot-Gold. Seit dem Hambacher Fest 1832 wurde die noch heute benutzte Anordnung populär. 1848 wehte diese deutsche Fahne über dem ersten freien deutschen Parlament.
Kurz darauf verblassten die Farben aufgrund der politischen Entwicklung. 1871 wählte Bismarck für das Deutsche Reich »Schwarz-Weiß-Rot«. Erst mit der Weimarer Republik 1919 wurde Schwarz-Rot-Gold reaktiviert. Doch der Friede währte nicht lange. Bereits im März 1933 verbannte das nationalsozialistische Regime die ihm verhasste Fahne. Seit 1949 stehen die republikanischen Farben wieder, wenn auch 40 Jahre noch in zwei Staaten, für ein freiheitliches und friedliches Deutschland.

Ein (neuer) Berufsstand

Der Augenoptiker kommt aus Jena.

Zeiss

Seit langer Zeit gab es schon Linsen, die es ermöglichten, Vergrößerungen zu erzielen, jedoch konnte man bis in das 19. Jahrhundert noch nicht von einer eigentlichen Augenoptik sprechen. Brillen wurden in Drogerien oder optischen Geschäften eher nebenbei angeboten. Die Gläser waren dick und schwer. Die meisten Brillenträger waren aber schon damit zufrieden, etwas besser zu sehen.
Mit der Entwicklung immer besserer Linsen durch die Firmen Zeiss und Schott verbesserten sich Qualität und Einsatzmöglichkeiten ständig.
So entwickelte man 1908 in Jena das sogenannte Punktalglas, ein Brillenglas, mit dem man nicht nur in der Mitte, sondern auch an den Rändern scharf sehen konnte. Das klingt simpel, war damals aber eine echte Sensation.
Damit aber nicht genug. Ebenso machte man sich bei Zeiss Gedanken über die Instrumente für Augenärzte. Viele Sehtestgeräte, die heute zur Grundausstattung von Augenoptikern gehören, sind Entwicklungen aus Jena. Um den Umgang mit diesen spezialisierten Geräten zu lehren, errichtete man 1924 in Jena die Staatliche Optikerschule. Bald konnten ausgebildete Optiker spezielle Läden eröffnen.
Und wer sich nicht mit der Brille anfreunden möchte, kann auf Kontaktlinsen zurückgreifen. Auch sie sind eine Erfindung aus Jena.

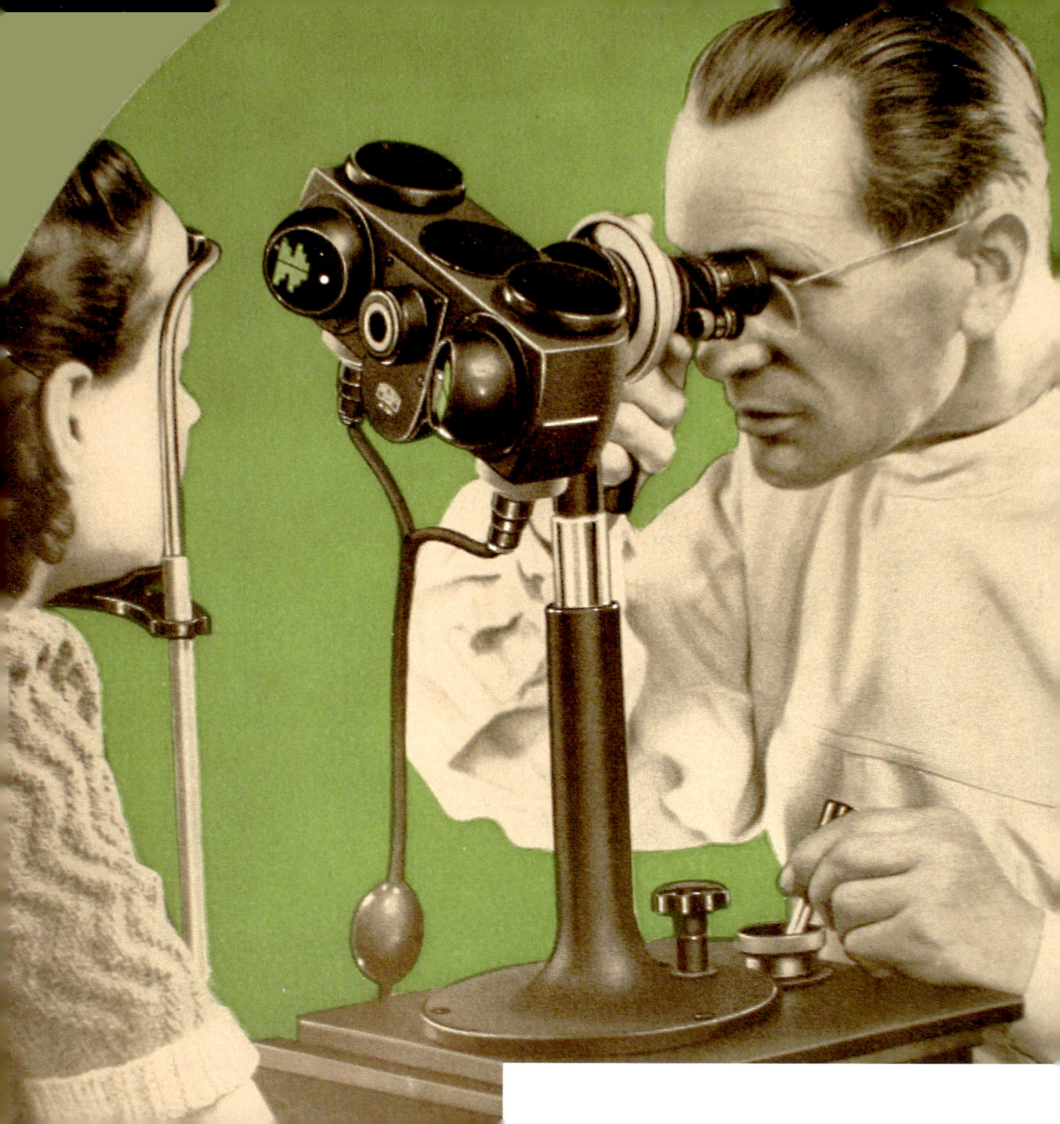

Beleuchtete Verkehrswegweiser aus Jena

Dexel

Ab 1916 wurde die gasbetriebene Straßenbeleuchtung in einigen Jenaer Stadtteilen durch elektrische Lampen ersetzt. Die alten Gasbeleuchtungsanlagen blieben zunächst ungenutzt. Der in Jena lebende Maler, Typograph und Formgestalter Walter Dexel (1890 – 1973) hatte dazu eine Idee: Warum nicht diese Lampen für Werbezwecke weiterverwenden? Seine Reklamelampen, von den Städtischen Gas- und Wasserwerken hergestellt, wurden zu einem Markenzeichen der Stadt.
Da in dieser Zeit auch immer mehr Automobile die Straßen füllten, nutzte Dexel seine Erfahrungen auch für Verkehrswegweiser. 1925 installierte man eine solche »Richtungslaterne« auf dem Jenaer Holzmarkt. Dieser Schritt war in mehrfachem Sinn richtungweisend für die modernen städtischen Leitsysteme und den überregionalen Straßenverkehr.
Ebenso zukunftsweisend war der Entwurf einer Leuchtsäule für eine Straßenbahnhaltestelle in Frankfurt am Main. Als Verfechter klarer Lösungen krönte Dexel die Säule mit einem überdimensionalen »H«.
Damit wurde Walter Dexel der Erfinder des bekannten Haltestellen-H.

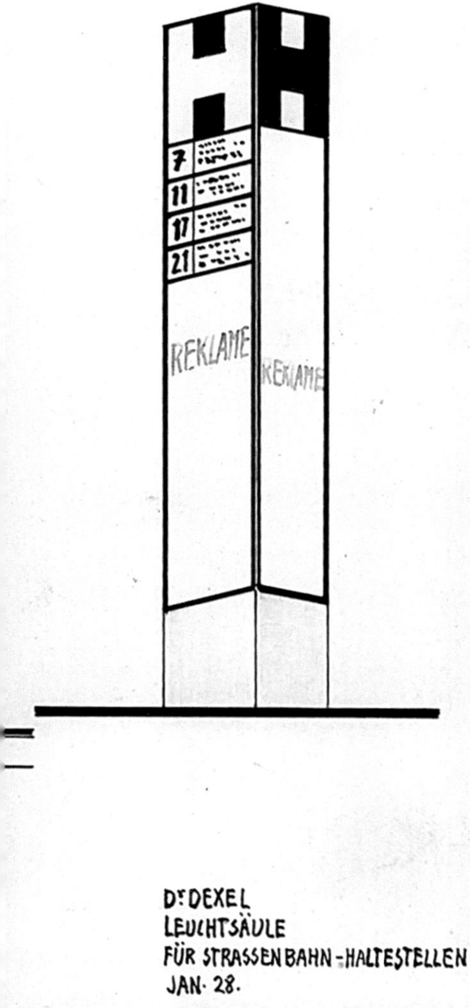
7
11
17
21
REKLAME
REKLAME
Dr DEXEL
LEUCHTSÄULE
FÜR STRASSENBAHN-HALTESTELLEN
JAN. 28.

DORNBURG
KAHLA
WEIMAR
SAAL
BAHNHOF

Erstes Foto eines extrasolaren Planeten

Zwölf Jahre war Professor Ralph Neuhäuser auf der Spur von Planeten, die außerhalb unseres Sternsystems liegen. Zuvor gab es nur indirekte Hinweise auf Begleiter anderer Fixsterne. Weltweit forschten fünf Teams an Direktfotografien von Planeten. Ein chilenisches Observatorium hatte das entscheidende Foto gemacht. In Jena untersuchte Neuhäuser, der Direktor des Jenaer Instituts für Astrophysik, die Aufnahme näher. Im Juni 2004 wurde er dann für seine Ausdauer belohnt. Ihm gelang der erste sichtbare Nachweis eines sogenannten extrasolaren Planeten überhaupt. Sein Beweisstück: ein Foto, das einen kleinen orangen Punkt neben einem großen glühenden Stern zeigt. Damit sorgte der Planetenjäger für eine Sensation.

Der Planet hat ein geschätztes Alter von ein bis zwei Millionen Jahren. Da der Himmelskörper im Sternbild *Lupus* (Wolf) liegt, nannte Neuhäuser seine Entdeckung »GQ Lupi b«. Erdähnliches Leben ist allerdings auf diesem Himmelskörper nicht möglich, da dort Temperaturen um 2.000 Grad Celsius herrschen.

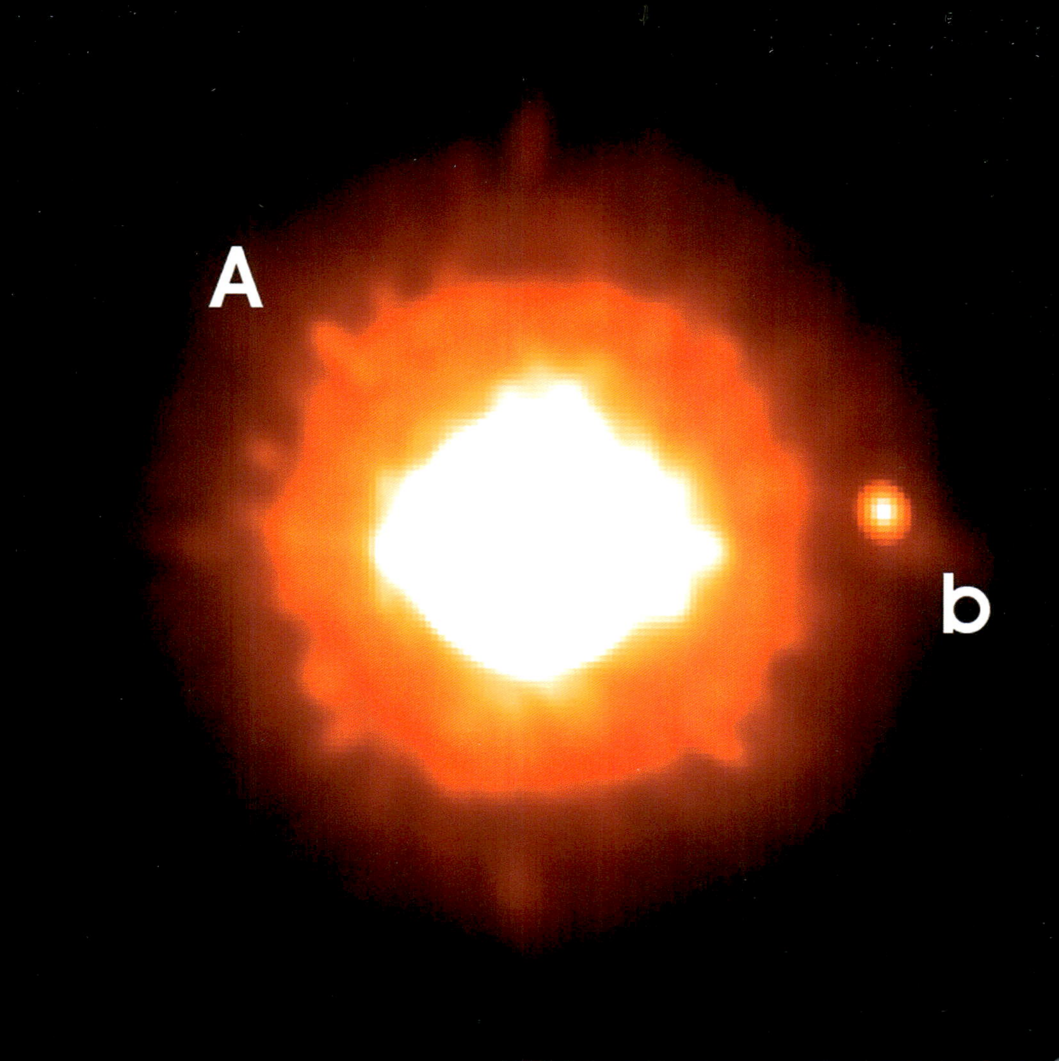
A
b

»Keine Strafe ohne Gesetz«

Kernelemente des Rechtsstaates aus Jena

Feuerbach

Paul Johann Anselm Feuerbach (1755 – 1833) studierte 1792 in Jena Philosophie und Recht. 1801 erhielt er hier eine außerordentliche Professur. Obwohl er bereits im Jahre 1802 Jena verließ, gilt sein Wirken von Beginn an als bahnbrechend für das moderne Strafrecht. In vielfältigen Abhandlungen befasste sich Feuerbach mit der Kritik des »natürlichen Rechts«. Damit war vor allem die in weiten Teilen Deutschlands noch vorherrschende Selbstjustiz gemeint.
Feuerbachs Forderung *»nulla poena sine lege«* (»keine Strafe ohne Gesetz«) ist zu einem der Kernelemente des Rechtsstaates geworden und bedeutet: Gesetze müssen allgemein bekannt sein, Tatbestände müssen klar formuliert sein und die Unrechtsfolgen müssen von vornherein feststehen. Zudem postulierte der große Jurist, dass Verurteilte nach Ablauf ihrer Strafe vor künftigen Beleidigungen als Verbrecher geschützt sein müssen.

Die Weite rückt näher.

Das Prismenfernglas aus Jena

Abbe

Die wissenschaftlichen Arbeiten von Ernst Abbe (1840 – 1905) ermöglichten es, dass der Firma Carl Zeiss Jena im Jahr 1893 das Patent für das »Binokulare Prismenfernglas mit erweitertem Objektivabstand« erteilt werden konnte. Mit diesem Prismenfernglas lässt sich nicht nur entspannter die Ferne erkunden, man sieht die Welt auch plastischer als mit konventionellen Ferngläsern oder Fernrohren. Das wird durch die künstliche Erweiterung des Abstandes beider Augen voneinander bewirkt: Die Linsen vorn am Fernglas haben einen größeren Abstand als die direkt vor den Augen liegenden. Prismen im Inneren sind dabei der Trick.

So können beispielsweise Entfernungen viel besser abgeschätzt werden. Objekte in der Landschaft, bei denen man mit bloßem Auge kaum entscheiden kann, welches näher ist, lassen sich eindeutig zuordnen. Naturbeobachter, Matrosen, Soldaten, Jäger – alle, die schnell ein Objekt beobachten und einschätzen müssen, sind auf das handliche Fernglas, den »Feldstecher«, angewiesen.

Das Trinkwasser wurde in Jena definiert.

Gaertner

»Ich habe mich in meinem akademischen Leben soviel mit Wasser beschäftigt, dass ich beinahe nasse Füße davon bekommen hätte«, schrieb August Gärtner (1848 – 1934). Er gilt als Begründer der Wasserhygiene. Seit 1886 hatte er den in Jena neu eingerichteten Lehrstuhl für Hygiene und Bakteriologie inne. Gärtners Buch »Die Hygiene des Wassers« von 1915 wurde auch die »Wasserbibel« genannt. Es war das Standardwerk zum Thema Trinkwasser, welches in vielen Passagen seine Gültigkeit bis heute behalten hat.
Auf seinem Hauptarbeitsgebiet, der Hygiene des Wassers, erbrachte Gärtner wissenschaftliche Leistungen, deren praktische Anwendung ihn weit über die Grenzen Thüringens hinaus bekannt machte. Von Jena aus hat Gärtner Maßstäbe für Einrichtung, Betrieb und Überwachung öffentlicher Wasserversorgungsanlagen gesetzt. Trotz dieser Verdienste gelang es ihm ausgerechnet in Jena lange Zeit nicht, die Stadtverordneten von der Notwendigkeit einer Kanalisation zu überzeugen. Er setzte sie dann gegen ihren Willen durch. Auch deshalb war Gärtner sehr populär und wurde von seinen Studenten »Kanal-August« genannt.

Der Wandertag kommt aus Jena.

Stoy

»Die Schule ist allein zum Lernen da und als Lehrer wird man geboren.« Diese Auffassung war bis in die Mitte des 19. Jahrhunderts vorherrschend. Karl Volkmar Stoy (1815 – 1885), seit 1844 Leiter des pädagogischen Seminars mit angeschlossener Volksschule in Jena, wollte das ändern. Er war ein Verfechter der Pädagogik als selbstständige Wissenschaft und forcierte die Abspaltung von der Philosophie. Die zukünftigen Pädagogen sollten professionell ausgebildet werden. Seine Studenten konnten in der Schule selbst Erfahrungen sammeln und das Lehren lernen. Er hielt Hörsaal und Schulraum für gleichberechtigte Forschungs- und Bildungsstätten in der Lehrerausbildung.
Doch nicht nur das Studium krempelte er um. Der Schulunterricht sollte mehr sein als bloße Wissensvermittlung. Wichtig war ihm auch die körperliche Entwicklung: Die von ihm gegründete Schule war eine der ersten mit angebauter Turnhalle. Außerdem führte er den Wandertag ein, als er am 21. August 1853 mit seiner gesamten Schulgemeinde von Jena aus zum Inselsberg aufbrach.

Der erste deutsche »Wolkenkratzer«

Die Turmbauten zu Jena

Die Firma Carl Zeiss wuchs innerhalb weniger Jahrzehnte von einer kleinen Werkstatt zum riesigen Konzern. Vor allem durch die Kriegsproduktion ab 1914 platzte das Werk aus allen Nähten. Während andere Firmen in dieser Situation in die Breite gingen, wich man bei Zeiss in die Höhe aus. Manchmal bezog man schon das Erdgeschoss eines neuen Werkgebäudes, während der Beton im Dachgeschoss noch trocknete. Dabei wurde in Jena das erste allein stehende Hochhaus Deutschlands in den Jahren 1915 und 1916 nach Plänen des Architekten Friedrich Pützer errichtet. Das Turmhaus »Bau 15«, kletterte mit elf Stockwerken 43 Meter nach oben. Von einem echten Wolkenkratzer konnte aber noch keine Rede sein, denn höher als der Kirchturm der Stadtkirche mit seinen 75 Metern strebte man zu dieser Zeit noch nicht empor.
Die Experimentierfreudigkeit in der Architektur von Industriebauten sollte bei Zeiss Tradition bekommen. Der »Bau 15« mit der an amerikanischen Vorbildern orientierten rasterartigen Fassade wurde in seiner Höhe bald überholt. Der 1934 errichtete hohen Verwaltungsbau des Zeisswerkes und das 1965 eingeweihte Forschungshochhaus »Bau 59« kamen mit fast 70 Metern der Höhe des Kirchturmes ziemlich nahe. Schließlich überragt der für Zeiss geplante und 1972 von der Universität genutzte Turm, der heutige JenTower, diesen mit über 150 Meter nun deutlich.

Grundlagen des »Akkus«

Ritter

In den Jahren um 1800 ergötzte sich die Jenaer Gesellschaft an Experimenten mit Elektrizität. Das war zu dieser Zeit der »neueste Schrei« aus Italien. Besonders interessierte sich dafür die Gruppe der Romantiker, zu denen auch Johann Wilhelm Ritter (1776 – 1810) gehörte. Die Grenzen zwischen Literatur und technischer Wissenschaft ignorierte er. Besondere Begeisterung riefen die Versuche mit Froschschenkeln hervor. Wenn man einen Schenkel mit bestimmten Metallen in Berührung brachte, zappelte er wie am lebendigen Frosch. Viele gingen deshalb von einer mysteriösen »Tierelektrizität« aus. Ritter bewies allerdings mit Selbstversuchen, an deren Folgen er letztendlich starb, dass der Stromfluss auch ohne organische Elemente auftritt.

Mit Hilfe seiner Erkenntnisse konstruierte er eine Ladungssäule: »Man schichte 50 Kupferplatten (...) mit ebensoviel kochsalznassen Pappen nach der Ordnung: Kupfer, Pappe, Kupfer, Pappe, Kupfer u.s.w.« Diese konnte Energie speichern und wieder abgeben. Damit entwickelte Ritter die Vorform des Akkumulators. Diese »Akkus« konnten im Gegensatz zu Batterien, deren Vorläufer die Volta'sche Säule war, immer wieder neu mit elektrischer Energie aufgeladen werden. Wie praktisch dies für unsere heutige Zeit ist, zeigt zum Beispiel der »mobile Computer«, an dem dieser Text entstand ...

Der praktische Hauch von Nichts

Optische Schichten aus Jena

Wer weiß nicht, wie hilfreich entspiegelte Gläser sind oder andererseits verspiegelte Gläser, die beim Skifahren gegen Schneeblindheit schützen. Im Jahr 1935 fand Alexander Smakula von der Firma Carl Zeiss eine Methode, störende Reflexe an optischen Flächen durch Aufdampfen einer einzigen dünnen Schicht, die zudem noch eine gute Haltbarkeit aufwies, zu vermindern. Dieses Verfahren wurde später als T-Optik (Transparenz-Optik) bekannt.

Fünf Jahre später meldet Walter Geffcken von der Firma Schott einen »Überzug aus mindestens drei Schichten von verschiedener Brechungszahl für einen nichtmetallischen Gegenstand zur Verminderung von dessen Oberflächenreflexion« zum Patent an. Bedingt durch den Krieg wurden beide Patente jedoch nur als Geheimpatente erteilt. Die Fachwelt erfuhr erst Jahrzehnte später von den bahnbrechenden Leistungen auf dem Gebiet der optischen Schichten als Erfindungen Jenaer Wissenschaftler.

Heute sind Mehrschichtsysteme keine Seltenheit mehr. Viele Entwicklungen in den Bereichen Telekommunikation und Medizingerätetechnik wären ohne moderne optische Dünnschichttechnologie nicht möglich.

Die erste deutsche klassizistische Antiqua

Im »Journal des Luxus und der Moden« erschien 1790 eine Anzeige, die Städtenamen in verschiedenen Schriftgrößen präsentierte. Der Jenaer Johann Carl Ludwig Prillwitz (1758/59 – 1810) versuchte so, für seine neue Schrift, die erste deutsche Schrift, die sich nicht mehr an der verschnörkelten Fraktur, sondern an klaren lateinischen Lettern orientierte, zu werben. Diese älteste deutsche klassizistische Antiqua ist ein Meilenstein in der Schriftgeschichte. Anregung dazu gab der Leipziger Verleger Georg Joachim Göschen. Er hatte eine Schriftform für die geplanten Werkausgaben von Herder, Goethe, Schiller und Wieland bestellt. Obwohl auf diese Weise sehr schöne Klassikerausgaben in der neuen Schrift entstanden, hielten es viele Deutsche im späteren 19. Jahrhundert mit Bismarck, der meinte: »Bücher deutschen Inhalts in Lateinschrift lese ich nicht!«. Es herrschte die Überzeugung, dass die deutsche Sprache ihre eigene Schrift brauche. Folgerichtig erklärte man 1871 die Fraktur zur offiziellen Amtsschrift des Deutschen Reiches. Erst nach dem Zweiten Weltkrieg konnte sich die Antiqua auch in Deutschland konsequent durchsetzen. Die ersten Schritte wurden in Jena getan.

ABCDEFGHIJ
abcdefghijklmn

KLMNOPQRS
opqrstuvwxyzß

TUVWXYZ
«1234567890&»

*1234567890!?)

Prillwitz Antiqua

Das Zeiss-Planetarium

Bauersfeld

Anfang des 20. Jahrhunderts jagte ein neues technisches Wunderwerk das nächste. Vielfältige Initiativen wurden ergriffen, um Technik und Naturwissenschaft zu erklären. Am bekanntesten dafür war das Deutsche Museum in München. Dort wollte man sich nicht nur auf die irdischen Dinge beschränken. Ein Modell des Weltalls sollte her! Um das anspruchsvolle Vorhaben zu bewältigen, wurde 1913 die führende Optikfirma angesprochen: Carl Zeiss Jena. Eine Gruppe um den Ingenieur Walther Bauersfeld setzte sich mit dieser Aufgabe auseinander. Zuerst dachte man an eine Kuppel mit Löchern, die sich dreht. Der Lichteinfall durch die Löcher würde dann die Gestirne simulieren. Aber das war viel zu aufwändig, starr und teuer. Bauersfeld kam auf die zündende Idee: eine Lichtquelle in der Mitte einer Kuppel. Ähnlich wie bei einer Verknüpfung von vielen Diaprojektoren sollten die Sterne und Planeten zur richtigen Zeit in die richtige Stellung gebracht werden. Eine ungemein komplexe Projektionsmaschine war zu bauen. Die Beherrschung der Optik, exakte mechanische Kenntnisse und das Wissen um die astronomischen Abläufe mussten zusammengebracht werden.

Die Idee zu skizzieren, war das eine. Diese auch noch funktionstüchtig umzusetzen, war das andere. Es dauerte ganze zehn Jahre, bis das erste Testgerät von Walther Bauersfeld vorgestellt werden konnte. 1925 wurde im Deutschen Museum München das »Wunder von Jena« der begeisterten Öffentlichkeit präsentiert.

Carl Zeiss
Modell I

Holt die Sterne auf die Erde II

Das Zeiss-Planetarium

Nicht nur der Sternprojektor ist ein technischer Meilenstein. Es war noch eine weitere Aufgabe von den Jenaern zu lösen: der Kuppelbau. Bisherige Kuppeln, Stein auf Stein wie ein Iglu gebaut, waren schwer und teuer. Ein neues Verfahren wurde durch die Firma Dyckerhoff & Widmann AG extra für den Planetariumsbau entwickelt: die Schalenbauweise aus Beton. So konnten erstmalig große Dachkonstruktionen schnell und günstig gefertigt werden. An den theoretischen Vorarbeiten war auch Walther Bauersfeld maßgeblich beteiligt.
Die Verbindung aus Gerät und Architektur war und ist für die Firma Carl Zeiss Jena ein Verkaufsschlager. Die perfekte Illusion des nächtlichen Sternenhimmels wurde stets weiterentwickelt. Inzwischen ist es auch möglich, die gesamte Kuppel mit nahtlosen Projektionen auszufüllen. Das Planetarium bleibt also ein spannendes Erlebnis.

Montage der Versuchskuppel auf dem Dach des Zeiss-Werks Jena, 1922

Nichts kann sie aufhalten ...

Die Jenaer Fußballregel

Gegen Ende des 19. Jahrhunderts probierten Jenaer Jugendliche und Studenten im Paradies das bis dahin in Deutschland relativ unbekannte Fußballspiel aus. Britische Studenten hatten es ihnen beigebracht. Der erste Jenaer Fußballverein wurde 1890 auf Initiative des Gymnasiallehrers Hermann Peter gegründet. Er regte auch einen Verein zur Schaffung von geeigneten Spielplätzen an. Anfangs wurde nur auf einfachen Wiesen gespielt. Gerade in der Jenaer Oberaue standen aber viele Sträucher und Bäume, welche das Spiel behinderten. 1896 veröffentlichte dann der Fussballverein Jena ein Regelheft, in welchem erstmals auch das Äußere eines Spielfeldes festlegt wurde: »Der Spielplatz sei frei von Bäumen und Sträuchern und mit niedrigem Gras bewachsen. Das Spielfeld ist doppelt so lang als breit und muß eine zugfreie Lage haben.« Diese Regeln haben sich durchgesetzt. Bäume sind in Stadien selten anzutreffen und die Rasenpflege hat sich inzwischen zur eigenen Wissenschaft entwickelt.

Die ultravioletten Strahlen –
eine Entdeckung aus Jena

Ritter

Die Stadt Jena war in den 1790er Jahren ein Zentrum des »geistigen Europa«: Fichte hielt Aufsehen erregende Vorlesungen, Goethe und Schiller schrieben ihre berühmten Balladen, die Gebrüder Humboldt arbeiteten an wissenschaftlichen Werken und eine Schar von jungen Menschen, später als Romantiker berühmt geworden, begab sich auf die Suche nach der »Blauen Blume«, die das Unerreichbare, Unendliche symbolisierte. Im April 1796 schrieb sich in Jena ein Student namens Johann Wilhelm Ritter (1776 – 1810) ein. Ritter betrieb jedoch keineswegs ein geregeltes Studium, sondern er stellte sich wissenschaftliche Aufgaben selbst. Dabei machte Ritter Entdeckungen, die erst später verstanden wurden, da er sich keiner wissenschaftlichen, sondern einer poetischen Ausdrucksweise bediente.

1801 untersuchte er die Farben des Sonnenspektrums systematisch auf ihre chemische Wirksamkeit. Ein Jahr vorher hatte ein englischer Wissenschaftler die infrarote Strahlung entdeckt. Ritter suchte nun auf der anderen Seite des Sonnenspektrums nach der unsichtbaren Energie. Viele Versuche in seiner abgedunkelten »Experimentierbude« waren notwendig, bis er 1802 die ultraviolette Strahlung nachwies. Da es für diese damals kein Einsatzgebiet gab, gerieten sowohl die Entdeckung als auch Ritter schnell in Vergessenheit.

Heute ist die Nutzung der Strahlung nicht mehr wegzudenken. Die meisten kennen sie aus dem Solarium oder als »Schwarzlicht« in der Disco. Sehr praktisch ist sie auch als Prüfmittel für die Echtheit von Geldscheinen.

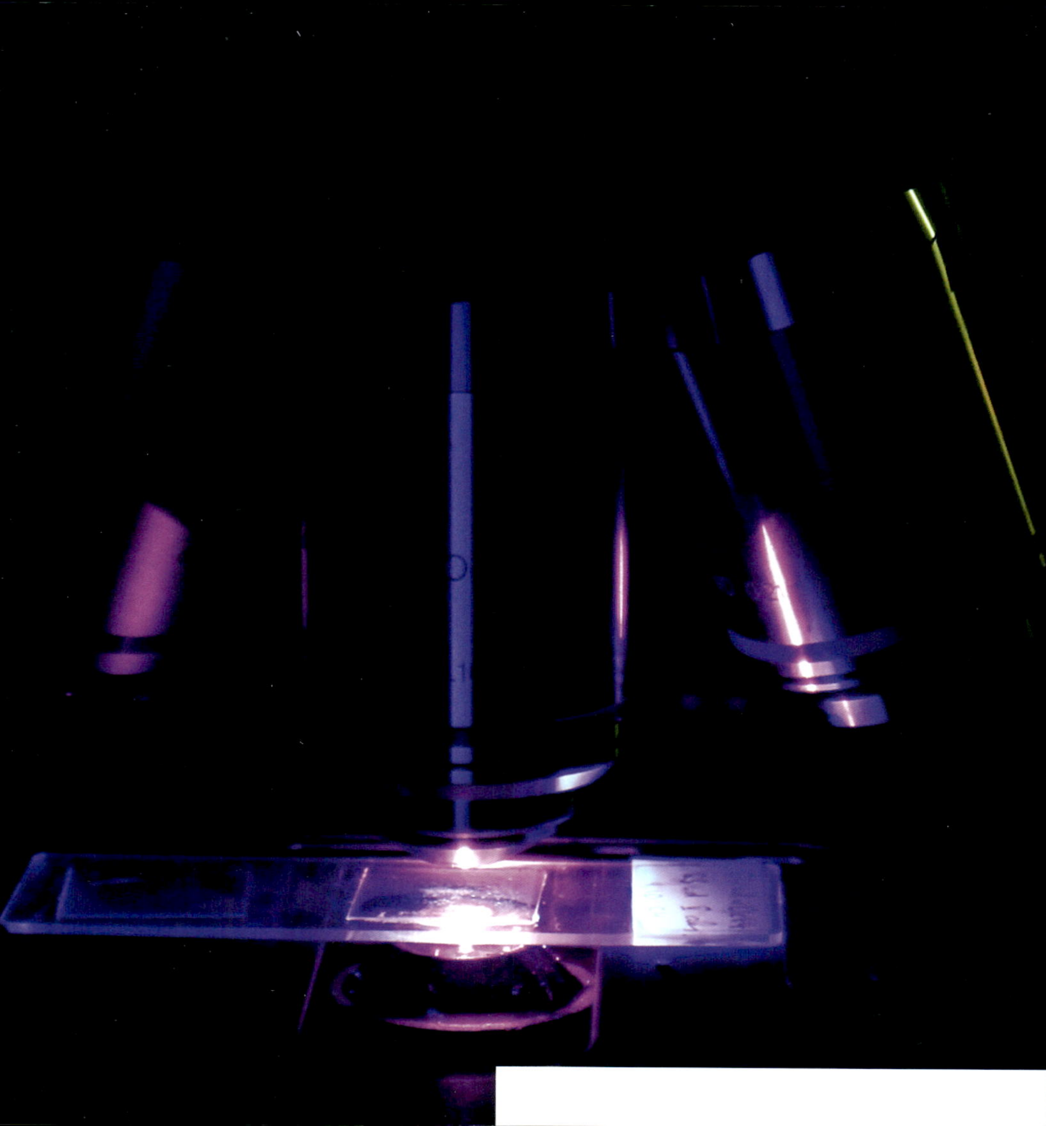

Die Rettung alter Schriften

Das Jenaer Papierspaltverfahren

Der Jenaer Restaurator Günter Müller entwickelte in den 1960er Jahren an der Universität das sog. Jenaer Papierspaltverfahren. Dieses ermöglichte es erstmals, vom Zerfall bedrohte Urkunden und Bücher zu bewahren.
Das zu restaurierende Blatt Papier wird in ein spezielles Bad gelegt, damit es aufquillt und Schadstoffe aus dem Papier ausgewaschen werden können. Dann werden Vorder- und Rückseite jeweils mit einem mit Kleber behafteten Trägerpapier beklebt, wodurch sich das aufgequollene Blatt auseinander ziehen und in zwei Teile spalten lässt. Nun wird dazwischen ein dünnes Blatt Spezialpapier eingefügt. Somit wird die Seite stabilisiert und bleibt erhalten.
Dies ist unglaublich aufwändig und braucht langjährige Erfahrung.
Das Ergebnis ist aber der Mühe wert, da wertvolle Schriften weiterhin Bestand haben können.

Ästhetische Gedanken aus Jena

Schiller

»Denn, um es endlich auf einmal herauszusagen, der Mensch spielt nur, wo er in voller Bedeutung des Wortes Mensch ist, und er ist nur da ganz Mensch, wo er spielt.«, heißt es in den Briefen »Über die ästhetische Erziehung des Menschen«, die Friedrich Schiller (1759 – 1805) in den Jahren 1794 / 95 in Jena schrieb. Beeindruckt durch die Ereignisse der französischen Revolution dachte Schiller über die Schwierigkeiten eines »Vernunftstaates« nach. Er erkannte die Problematik der Arbeitsteilung und Verengung des Menschen in der modernen Gesellschaft: »Der Nutzen ist das große Idol der Zeit, dem alle Kräfte fronen und alle Talente huldigen sollen«. Schiller sah keine Möglichkeit der politischen Lösung dieses Problems. Er glaubte, dass es allein die Schönheit sei, »durch die man zu der Freiheit wandert«. Im künstlerischen Spiel erkannte er eine Möglichkeit für den Menschen, seine zersplitterten Kräfte zu sammeln und eine Totalität im Kleinen zu werden. Die schöne Zwecklosigkeit des Spiels mit seinen genauen Regeln erlaubt den Menschen, geistige Beweglichkeit und Sensibilität zu üben und so Freiheit zu erfahren. Dabei bezog Schiller sich ausdrücklich auf den erwachsenen mündigen Bürger.

Schillers Gedanken über den Spieltrieb haben viele Philosophen und Pädagogen des 19. und 20. Jahrhunderts beeinflusst.

Milchpanscher lieben Jena nicht.

Das Abbe-Refraktometer

»Die Bedeutung der Lebensmitteluntersuchungen mittels der Refraktometer von Zeiss für die Volksgesundheit kann nicht genügend gewürdigt werden.« Dies schrieb ein Journalist Anfang des 20. Jahrhunderts über die Auswirkungen systematischer Lebensmittelkontrollen. Das Refraktometer ist ein handliches Instrument und nutzt den spektroskopischen Effekt, eine physikalische Methode, in denen eine Strahlung nach einer bestimmten Eigenschaft zerlegt wird. Dazu wird die zu untersuchende Substanz zwischen zwei Glasplättchen gepresst. Durch die Lichtbrechung im Sonnenlicht kann man an einer Messleiste den Reinheitsgrad, Zuckergehalt oder Wasserzusatz erkennen. Diese Erfindung Ernst Abbes aus dem Jahre 1874 ermöglichte es zum Beispiel, die weit verbreitete Milchpanscherei zu bekämpfen.

Mit Hilfe des Instrumentes konnte ein auch nur fünfprozentiger Wasserzusatz erbarmungslos aufgedeckt werden. Ebenso wurde der Verfälschung von Margarine und Butter mit Hilfe des Butterrefraktometers Einhalt geboten.

Weiterhin eignen sich die Refraktometer für Blutuntersuchungen, Messungen des Zuckergehaltes und zur Gasanalyse. Es gab bald keine medizinische Einrichtung, kein gerichtsärztliches, physikalisches, chemisches oder technisches Institut, kein Industrie- oder Hüttenlaboratorium, keinen Bergbaubetrieb, kein Nahrungsmittelamt, in denen nicht Zeiss'sche Instrumente dieser Art in Gebrauch waren.

Ursprünge der »Oecologie« in Jena

Haeckel

Die erste Definition des Begriffes Ökologie stammt von Ernst Haeckel (1834 – 1919) aus dem Jahr 1866. Der Jenaer Zoologe und Philosoph war glühender Anhänger Darwins und verbreitete dessen Lehren in Deutschland. Haeckel verstand unter Ökologie die Lehre von den Bedingungen der Lebewesen im Kampf ums Dasein und vom Haushalt der Natur:
»Unter Oecologie verstehen wir die gesamte Wissenschaft von den Beziehungen des Organismus zur umgebenden Außenwelt, wohin wir im weiteren Sinne alle ›Existenz-Bedingungen‹ rechnen können.«
Haeckel war einer der populärsten Wissenschaftler seiner Zeit. Dies hatte er unter anderem seinem Werk »Kunstformen der Natur« zu verdanken. Darin zeigte der weitgereiste Naturforscher einem breiten Publikum bisher unbekannte Reiche, wie zum Beispiel das Leben in den Meeren. Seine Skizzen setzte er liebevoll in farbenreiche Tafeln um. Dabei vereinfachte er hin und wieder die Realität, um einzelne Formen besonders eindrucksvoll wirken zu lassen. Seine Darstellungen von Quallen und Mikroorganismen wirkten sich nachhaltig auf unser Bild dieser Lebewesen aus. Auch Künstler und Architekten holten sich Anregungen aus den »Kunstformen«. Der Jugendstil zeigt deutliche Bezüge zu den schwingenden Formen in Haeckels Zeichnungen.

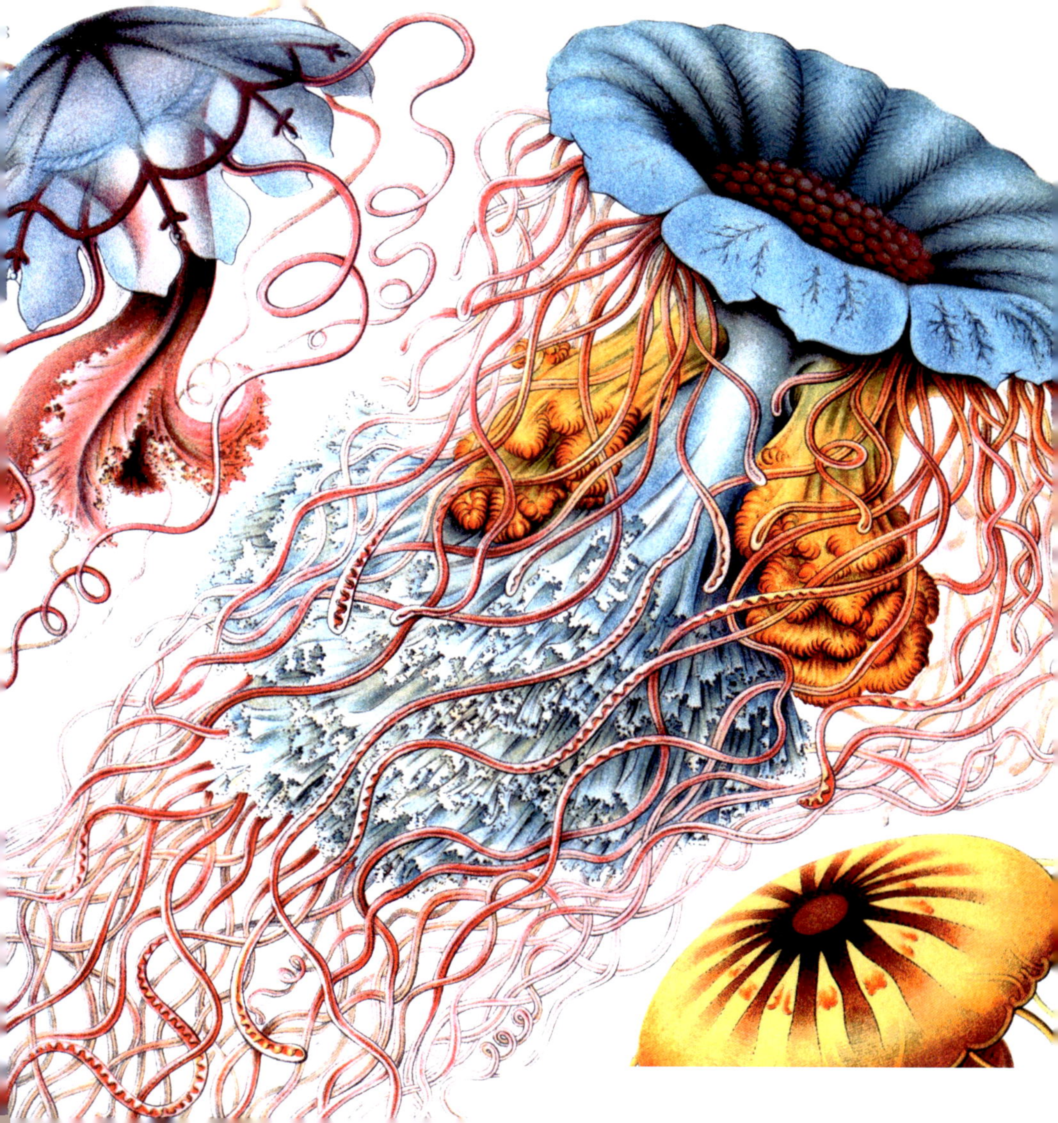

Das moderne Radio sendet erstmals in Jena.

Esau

Der Physiker Abraham Esau (1884 – 1959) kam 1925 nach Jena, um auf dem Gebiet der hohen Frequenzen zu forschen. Die hiesige Universität war zur damaligen Zeit eine erste Adresse der drahtlosen Informationsübertragung. Da das Monopol der Seekabel bei den Engländern lag, wirkte Esau schon während des Ersten Weltkrieges intensiv beim Aufbau eines Funkverkehrsnetzes zwischen Deutschland und seinen Kolonien mit.
In Jena stieg er schnell zum »Hochfrequenzpapst« auf. Die damals üblichen Mittel-, Kurz- und Langwellen wollte Esau durch Ultrakurze Wellen (UKW) ergänzen. Diese bedurften stärkerer Sender mit speziellen Glasröhren. Da war es gut, das Schott-Glaswerk am Ort zu haben ...
Bereits 1925 fand zwischen Jena und Kahla die erste UKW-Übertragung der Welt statt. Nicht einmal ihrem Entdecker war anfangs die Bedeutung der Ultrakurzwellen bewusst: »Es war zu der damaligen Zeit wohl keinem klar, dass eines Tages einmal diese Wellen für den Rundfunk sich als ganz ausgezeichnet erweisen würden.« 1931 konnte dann in Jena mit dieser Technik die erste mobile Liveschaltung der Rundfunkgeschichte zwischen Volkshaus und Post stattfinden.
Die neue Funktechnik wurde zuerst den Militärs, allen voran den Jagdfliegern, zugänglich gemacht. Bis das Rauschen aus dem Radio entschwand und durch kristallklare Stereo-Töne ersetzt wurde, dauerte es aber noch eine ganze Weile.

COLOR SUPREME
ARCHER

Die Elektroenzephalografie kommt aus Jena.

Berger

Während des ersten Weltkrieges hatte der Jenaer Mediziner Hans Berger (1873 – 1941) ein prägendes Erlebnis. Ein rasender Pferdewagen hätte ihn fast überrollt. Erst kurz vor ihm kam das Gefährt zum Stehen. Als er zurück zu seiner Einheit fand, übergab man ihm eine Eildepesche seines Vaters, der sich besorgt nach der Gesundheit des Sohnes erkundigte. Bergers Schwester hatte böse Ahnungen, ihrem Bruder müsse etwas passiert sein. Seitdem glaubte Berger fest an telepathische Beziehungen von Mensch zu Mensch und wollte diese Ströme erforschen.
Im Zuge seiner Forschungen entdeckte Berger um 1924 eine Methode zur Messung der elektrischen Hirnaktivität. Das Verfahren wurde als Elektroenzephalographie (abgeleitet vom griechischen *encephalo*n Gehirn und *gráphein* schreiben) weltbekannt. Beim Elektroenzephalogramm werden mittels auf die Kopfhaut aufgesetzter Elektroden die so genannten Hirnströme gemessen, verstärkt und aufgezeichnet. Dies dient zur Überprüfung der Hirnaktivität bei unterschiedlichen Belastungen des Gehirns. Inzwischen hat sich das EEG-Verfahren vom Messinstrument zum Hilfsapparat entwickelt. So dient es zum Beispiel schwer gelähmten Menschen zur Kommunikation mit der Außenwelt.
Die Ströme zwischen Menschen hatte Berger allerdings nicht entdeckt – sie blieben ein Mythos. Die Suche nach ihnen ebnete aber den Weg zum Verständnis der Vorgänge im Gehirn.

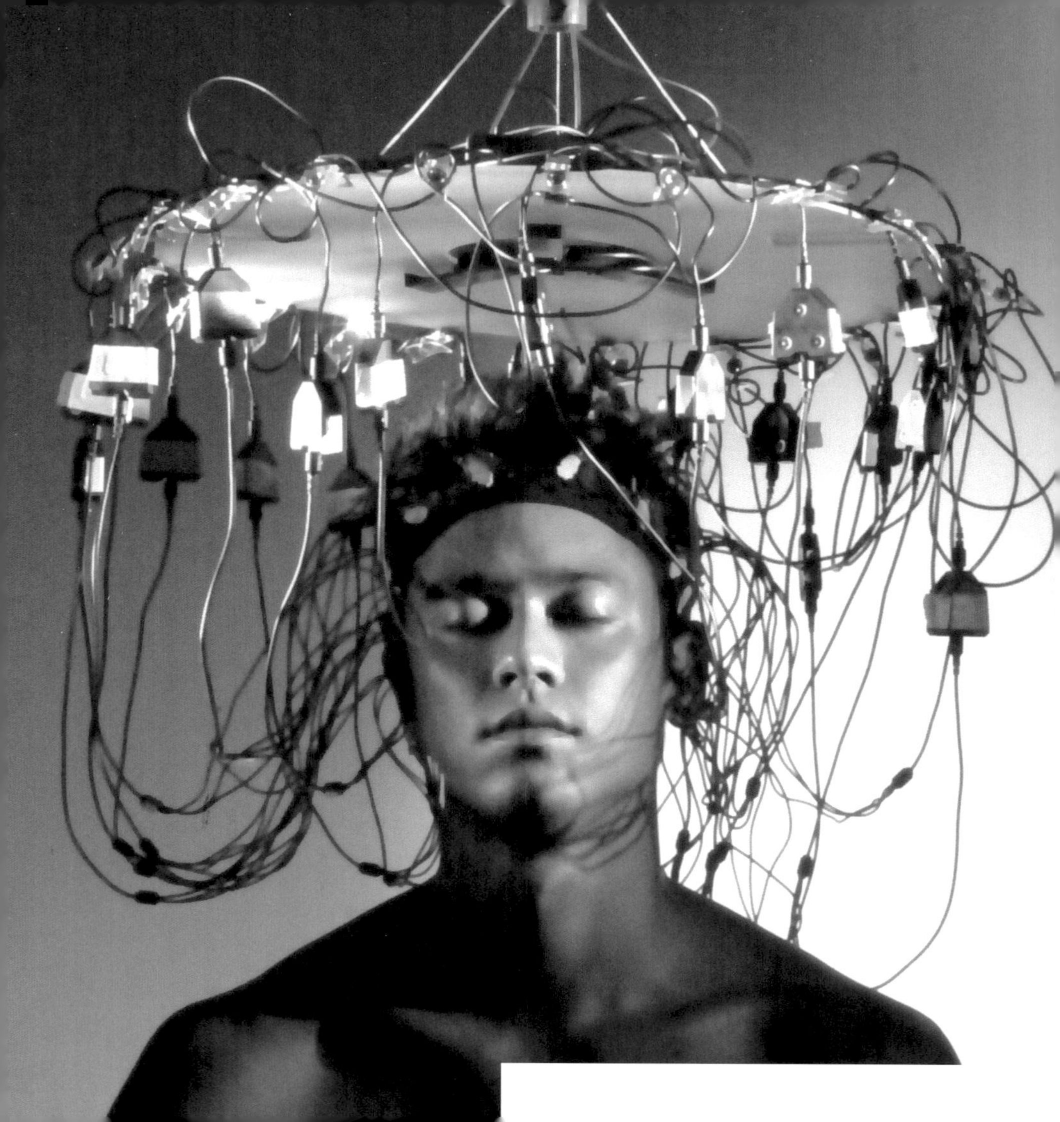

Entdeckung des Einfachen

Die Zelltheorie aus Jena

Schleiden

1838 gelang in Jena einer der größten Fortschritte in der Biologie: die Begründung der Zelltheorie durch Matthias Jacob Schleiden (1804 – 1881). Die Erkenntnis, dass Tiere und Pflanzen sich aus ein und demselben Elementarorgan, der organischen Zelle entwickeln, war ein Durchbruch für das Verständnis des Lebens. Schleiden legte dar, dass viele Millionen von mikroskopisch kleinen Zellen einen Organismus bilden können.
Vor ihm hatte Lorenz Oken die Entwicklung von Hühnern genau untersucht. Er stellte die These auf, dass der organische Körper sich aus nichts weiter zusammensetzt als aus lauter mikroskopisch kleinen Bläschen. Damit war bereits der Grundgedanke der Zelltheorie von Schleiden vorweggenommen. Dieser weckte ebenso mit seinem populären Werk »Die Pflanze und ihr Leben« von 1848 das Interesse für die Botanik. Im Zusammenhang mit der Zelltheorie ist auch folgendes bemerkenswert: Erst 1861 wurde durch Carl Gegenbaur in Jena nachgewiesen, dass die große gelbe Dotterkugel des unbefruchteten Hühnereis nichts anderes als eine einfache Zelle ist. Die erwähnten Wissenschaftler bezogen sich auf Goethes »Metamorphose der Pflanzen«, wo es heißt: »Alle Gestalten sind ähnlich, und keine gleichet der andern / Und so deutet das Chor auf ein geheimes Gesetz. / Auf ein heiliges Rätsel ...«
In Jena wird man auch weiterhin immer tiefer in die Geheimnisse der Natur eintauchen, seien sie noch so klein und rätselhaft.

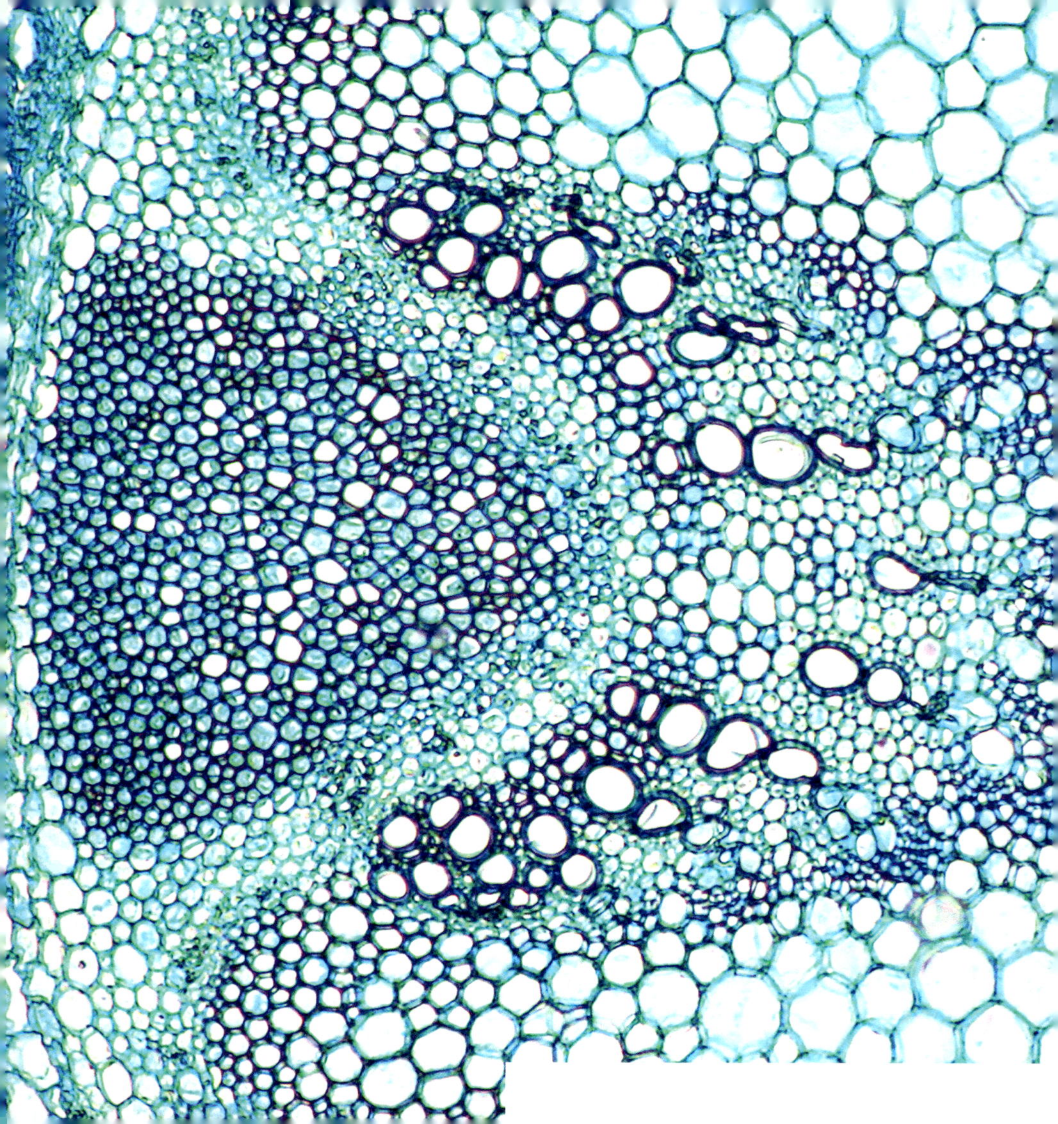

Die Begriffsschrift aus Jena

Frege

Die Arbeiten von Friedrich Ludwig Gottlob Frege (1848 – 1925) richtig zu verstehen, grenzt schon an Genialität. Zeit seines Lebens hatte er es schwer, Hörer für seine Vorlesungen zu finden. Freges theoretische Einsichten waren einfach zu anspruchsvoll und sein Charisma nicht gerade strahlend. Als der große österreichische Philosoph Wittgenstein Frege in Jena besuchte, glaubte der Herr aus Wien zunächst den Hausmeister vor sich zu haben. Der unscheinbare Professor vollbrachte in den Jahren um 1900 in Jena den größten Fortschritt in der Logik seit Aristoteles. Er bewies, dass mathematische Objekte real sind und kein Produkt der Einbildung. »Zahl« und »Anzahl« stimmen also in jedem Winkel der Erde bewiesenermaßen überein. Das klingt zwar ziemlich logisch, war aber vorher noch nie auf seinen Wahrheitsgehalt überprüft worden.

Am eigentümlichsten wirkte aber auf die Zeitgenossen die von Frege 1879 entwickelte »Begriffsschrift«. Das Gewirr von Strichen, Formeln und Zahlen war so ungewohnt, dass Frege Mühe hatte, einen Verlag zu finden, der diese komplexen mathematischen Abfolgen setzen konnte. Die »Begriffsschrift« gilt heute als wichtige logische Vorarbeit für das Verständnis von Computerprogrammierung. Die Erkenntnisse Freges wurden zuerst in den USA praktisch angewandt und kamen dann zurück nach Europa.

```
 2488  4.1  5.2 1058020 109640  ??  S    Mon11AM  95:53.19 /Applications/Microsoft Office 2004
24297  4.0  1.0  803092  21304  ??  S    10:26AM  19:28.09 /Applications/Macromedia FreeHand M
 2574  3.7  3.8 1804900  80604  ??  S     8:10PM  49:30.97 /Applications/Adobe Illustrator CS2
21913  3.6 18.3 1470576 382824  ??  S     1:32AM  76:27.07 /Applications/Adobe Photoshop CS2/A
 2463  2.0 23.8 2972508 498132  ??  S    Mon11AM 183:02.08 /Applications/Adobe InDesign CS2/Ad
22043  1.5  0.7  514780  14188  ??  S     1:34AM  16:22.07 /Applications/CDFinder 4.5.1/CDFind
  446  0.7  0.3  413652   6268  ??  S     7:35PM   3:19.61 /Applications/BluePhoneElite.app/Co
21792  0.6  1.1 1131848  23640  ??  S     9:44AM   4:43.26 /Applications/Adobe Acrobat 7.0 Pro
  855  0.4 10.1 1984964 212472  ??  S    Mon11AM  32:15.91 /Applications/Safari.app/Contents/M
 1879  0.4  0.3  407748   7320  ??  S    Mon11AM   5:47.11 /Applications/iCal.app/Contents/Mac
  339  0.3  0.3  367728   5344  ??  S    Mon11AM   4:57.46 /Applications/Dial!Fritz.app/Conten
   51  0.0  0.1   31532   1368  ??  Ss   Mon11AM   0:01.64 /usr/sbin/DirectoryService
   52  0.0  0.0   27656    776  ??  Ss   Mon11AM   0:02.49 /usr/sbin/distnoted
   56  0.0  0.0   27232    184  ??  Ss   Mon11AM   2:25.24 /usr/sbin/update
   64  0.0  0.1  300228   1116  ??  S    Mon11AM   0:00.77 /usr/sbin/blued
   65  0.0  0.3   74548   5456  ??  Ss   Mon11AM   0:07.22 /System/Library/CoreServices/corese
   73  0.0  0.0   27748     76  ??  Ss   Mon11AM   0:00.01 /usr/libexec/crashreporterd
  108  0.0  0.0  143880    432  ??  Ss   Mon11AM   0:01.39 /usr/libexec/oah/translated
  111  0.0  0.1   37980   2024  ??  Ss   Mon11AM   0:51.58 /usr/sbin/AppleFileServer
  114  0.0  0.0   27872    364  ??  S    Mon11AM   0:00.08 /usr/sbin/qmasterd
  120  0.0  0.0   28512    104  ??  S    Mon11AM   0:00.01 /usr/sbin/qmasterd
  121  0.0  0.2   48052   4624  ??  Ss   Mon11AM   1:53.84 /System/Library/Frameworks/CoreServ
  122  0.0  0.3  111976   5280  ??  Ss   Mon11AM   0:25.56 /System/Library/Frameworks/Applicat
  128  0.0  0.1  382060   2764  ??  Ss   Mon11AM   0:03.99 /System/Library/CoreServices/loginw
  138  0.0  0.1   29184   1308  ??  Ss   Mon11AM   0:33.50 /usr/sbin/lookupd
  153  0.0  0.0   27716    220  ??  Ss   Mon11AM   0:09.53 ntpd -f /var/run/ntp.drift -p /var/
  167  0.0  0.0   28292     64  ??  Ss   Mon11AM   0:00.00 nfsiod -n 4
  178  0.0  0.0   30884    624  ??  Ss   Mon11AM   0:00.38 slpd -f /etc/slpsa.conf
  180  0.0  0.0   27292     68  ??  Ss   Mon11AM   0:00.00 rpc.lockd -w
  183  0.0  0.0   30480    892  ??  Ss   Mon11AM   0:00.46 /usr/sbin/automount -f -m /Network -
  187  0.0  0.0   29404    688  ??  Ss   Mon11AM   0:00.07 /usr/sbin/automount -f -m /automount
  189  0.0  0.0   59220   1004  ??  Ss   Mon11AM   0:00.66 /System/Library/CoreServices/pbs
  201  0.0  0.2  380820   4056  ??  S    Mon11AM   0:10.13 /System/Library/CoreServices/System
  202  0.0  1.2  504556  25916  ??  S    Mon11AM   5:03.91 /System/Library/CoreServices/Finder
  204  0.0  0.0  359092    952  ??  S    Mon11AM   0:01.96 /Applications/iTunes.app/Contents/R
  205  0.0  0.2  424536   4008  ??  S    Mon11AM   0:02.78 /Applications/Microsoft AutoUpdate.
  206  0.0  0.1  353836   1344  ??  S    Mon11AM   0:01.53 /Applications/iCal.app/Contents/Res
  207  0.0  0.4  446592   7428  ??  S    Mon11AM   0:04.72 /Applications/Adobe Version Cue CS2
  289  0.0  0.0   27768    476  ??  S    Mon11AM   0:23.66 /System/Library/Filesystems/AppleSha
  298  0.0  0.1   28516   1100  ??  Ss   Mon11AM   0:07.61 /usr/sbin/cupsd -f
  312  0.0  0.1   38268   1176  ??  S    Mon11AM   0:00.90 /System/Library/Services/AppleSpell
 1207  0.0  0.4  359284   7704  ??  S    Mon
 2093  0.0  0.0   30144    216  ??  Ss   Mon
```

Der Jenaer Beitrag zum Grundgesetz

Das Wartburgfest der Deutschen Burschenschaften von 1817 ist nicht nur durch die spektakuläre und fragwürdige Bücherverbrennung bekannt geworden, sondern auch durch die unmittelbar danach in Jena entstandenen »Grundsätze und Beschlüsse des achtzehnten Oktobers«. Sie wurden auf der »Grünen Tanne« in Wenigenjena von führenden Burschenschaftern beraten, zu denen unter anderen Heinrich von Gagern gehörte, der spätere Präsident der Frankfurter Nationalversammlung von 1848.
Im Januar 1818 auf einer allgemeinen Studentenversammlung in Jena zur Abstimmung gestellt, wurden die Grundsätze durch viele Abschriften heimlich in ganz Deutschland verbreitet und 1823 erstmals gedruckt. Sie forderten nationale Einheit sowie konstitutionelle Freiheit und richteten sich gegen den Partikular- und Polizeistaat jener Zeit.
Es ist besonders bemerkenswert, dass die »Grundsätze und Beschlüsse« neben manchen romantisch verschwommenen Vorstellungen auch Formulierungen der bürgerlichen Grundrechte enthalten, die in ihrer Klarheit und Präzision als Vorläufer für spätere Verfassungstexte anzusehen sind.

Zur Freiheit der Person, zur Gleichheit vor dem Gesetz, zur Meinungs- und Pressefreiheit sowie zum Eigentum kann man hier den »Urtext« lesen, nach dessen Vorbild die Artikel der Paulskirchenverfassung (1849), der Weimarer Verfassung (1919) und der Grundrechtskatalog des Grundgesetzes (1949) formuliert wurden.

Zur Meinungs- und Pressefreiheit

Grundsätze und Beschlüsse 1817 (Nummer 31)
»Das Recht, in freier Rede und Schrift seine Meinung über öffentliche Angelegenheiten zu äußern, ist ein unveräußerliches Recht jedes Staatsbürgers, das ihm unter allen Umständen zustehen muß [...]«

Paulskirchenverfassung 1849 (§ 143)
»Jeder Deutsche hat das Recht, durch Wort, Schrift, Druck und bildliche Darstellung seine Meinung frei zu äußern. Die Pressefreiheit darf unter keinen Umständen und in keiner Weise durch vorbeugende Maßregeln, namentlich Zensur, Konzessionen, Sicherheitsbestellungen, Staatsauflagen, Beschränkungen der Druckereien oder des Buchhandels, Postverbote und andere Hemmungen des freien Verkehrs beschränkt, suspendiert oder aufgehoben werden.«

Weimarer Verfassung 1919 (Artikel 118)
»Jeder Deutsche hat das Recht, innerhalb der Schranken der allgemeinen Gesetze seine Meinung durch Wort, Schrift, Druck und Bild oder in sonstiger Weise frei zu äußern. [...] Eine Zensur findet nicht statt.«

Grundgesetz 1949 (Artikel 5)
»Jeder hat das Recht, seine Meinung in Wort, Schrift und Bild frei zu äußern und zu verbreiten und sich aus allgemein zugänglichen Quellen ungehindert zu unterrichten. [...] Eine Zensur findet nicht statt. [...].«

Der Jena-Plan

Petersen

Das Modell einer Schule als Verbindung von Schulalltag und außerschulischen Aktivitäten entwickelte der Jenaer Erziehungswissenschaftler Peter Petersen (1884 – 1952). Der Name »Jena-Plan« wurde von Mitgliedern des Londoner Komitees zur Vorbereitung der IV. Tagung der »New Education Fellowship« in Locarno 1927, auf der Petersen über seinen Jenaer Reformversuch zu sprechen hatte, geprägt.

Petersen betrachtet die Schule als Lebensgemeinschaftsschule: auf der Basis der sozialen Grundformen Arbeit, Gespräch, Feier und Spiel soll durch gegenseitige Erziehung und altersübergreifende Zusammenhänge umfassende Menschenbildung erreicht werden. Der Unterricht soll nicht allein stehen, sondern in ein intensives Schulleben eingegliedert sein. Anstelle von Klassenverbänden entstehen Erziehungsgruppen, in denen Jungen und Mädchen von jeweils drei Jahrgängen vereint sind. Die verschiedenen Begabungen werden zusammengehalten, eine starke soziale Mischung der Schülerschaft und eine »Familienschule« entsteht, in der Lehrer, Schüler und Elternschaft eng zusammenarbeiten.

Petersens große reformpädagogischen Ansätze bleiben aktuell, auch wenn der Pädagoge während und auch schon vor der Nazizeit in Reden und Schriften rassistische und antisemitische »Argumente« zur Verteidigung seiner Schulidee verwendete.

Die Schule bestand in Jena bis 1950, dann wurde sie als »reaktionäres, politisch sehr gefährliches Überbleibsel aus der Weimarer Republik« geschlossen. Derzeit gibt es weltweit etwa 300 Jena-Plan-Schulen, darunter 50 in Deutschand. Seit 1991 hat auch Jena wieder eine solche Schule.

Goethe schuf seine Farbenlehre in Jena.

Goethe

In Jena, wohin Johann Wolfgang von Goethe (1749 – 1832) sich gerne für seine wissenschaftlichen Arbeiten zurückzog, entstanden große Teile seines umfangreichsten Werkes – der Farbenlehre. Er hatte sich in den Kopf gesetzt, Newton zu widerlegen. Nach Goethes Lehre sind Farben »Taten und Leiden des Lichts«, sie entstehen aus dem Zusammenwirken von Hell und Dunkel, und nicht, wie Newton meinte, durch Zerlegung des »weißen Lichts«, das nach Goethescher Auffassung immer einfach und ursprünglich bleibt. Allerdings ist Goethes Theorie der Farbentstehung nicht zu halten. Die Bedeutung des Werkes besteht vielmehr in dem, was es für die Psychologie der Wahrnehmung und die Kunsttheorie leistet. Goethe erklärt »warum wir die Wirkung von Farben auf bestimmte Weise empfinden und weshalb wir diese Empfindungen interpretieren können, ohne dabei einer Sinnestäuschung zu unterliegen oder nur ein subjektives Urteil auszusprechen: die blaue Farbe erweckt so etwas wie ein sehnsüchtiges Gefühl, weil wir von der Finsternis, die dem Blau zugrunde liegt, angezogen werden; Gelb stimmt aktiv und heiter, denn wir spüren die hinter dem Gelben stehende Energie des Lichtes.« *Rike Wankmüller*

Viele Künstler der Moderne, für die der »Eigenwert« der Farbe über ihrem »Darstellungswert« steht, haben an Goethes Farbtheorie anknüpfen können, so zum Beispiel Paul Klee und Wassily Kandinsky. Auch Gestalter und Raumausstatter nutzen Goethes Erkenntnisse über die »sinnlich-sittliche Wirkung der Farben« und orientieren sich an seinem Farbenkreis.

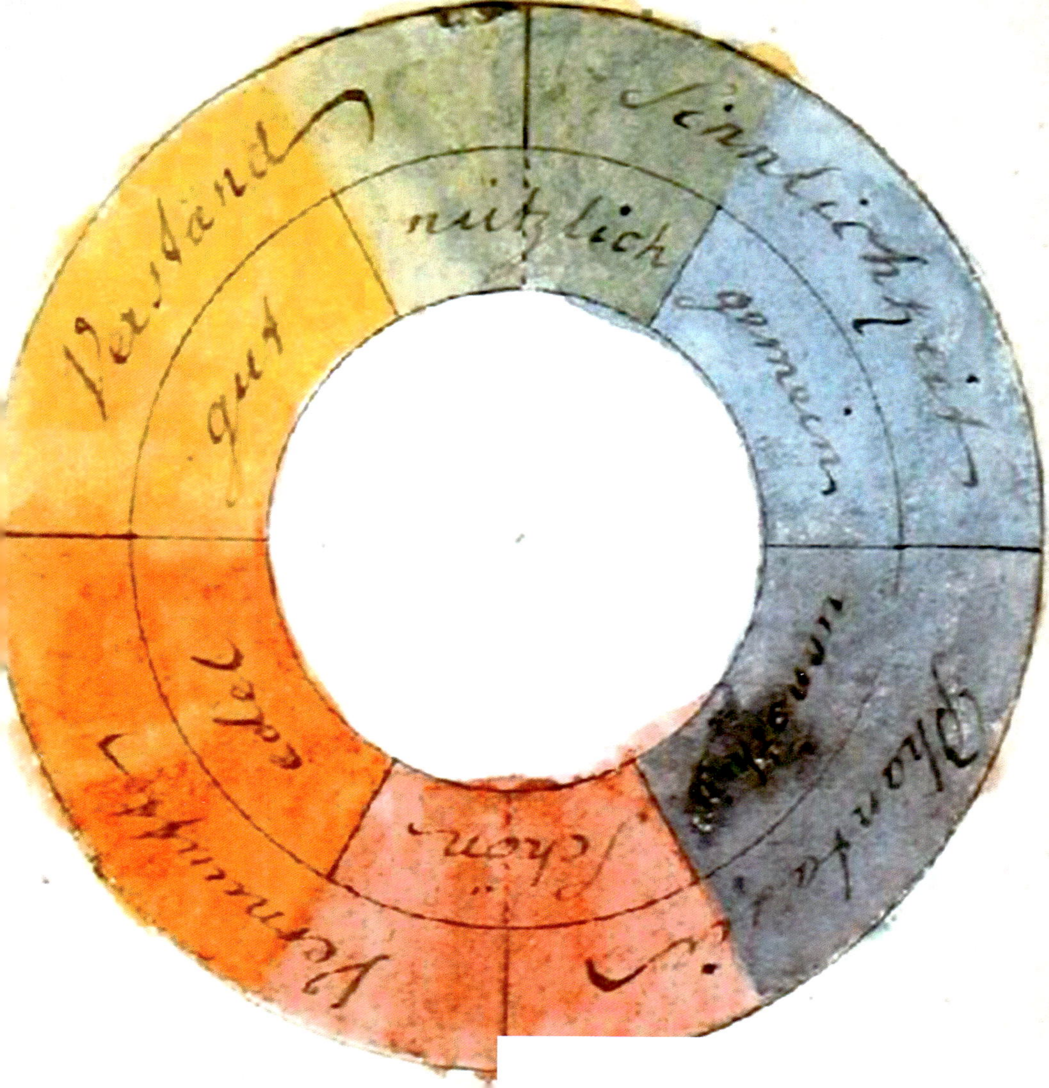
Verstand
gut
nützlich
Sinnlichkeit
gemein
Phantasie
schön
edel
Vernunft

Eine erste Ordnung der Elemente aus Jena

Döbereiner

Der Philosoph Immanuel Kant sprach 1786 der »Chymie« den Rang einer Wissenschaft ab, da die chemischen Grundsätze ja nicht mit den Naturgesetzen zu erklären seien. Wenig später preist dagegen Goethe die »unglaublichen Entdeckungen« dieser Wissenschaft. Das lag nicht nur an seiner frühen Begeisterung für alchemistische Experimente, sondern auch am Jenaer Chemieprofessor Johann Wolfgang Döbereiner (1780 – 1849). Dieser eignete sich sein Wissen autodidaktisch an. Eine Universität hatte er nie besucht. Trotzdem konnte er im Jahr 1810 die Professur für Chemie, Pharmazie und Technologie an der Universität Jena übernehmen.
Zwischen Döbereiner und Goethe entwickelte sich eine freundschaftliche Beziehung. Der Geheimrat verschaffte Döbereiner Geld für seine Forschungen und seine reiche Kinderschar. Der Chemiker bedankte sich bei ihm dafür mit ständig neuen Erfindungen und Erkenntnissen auf seinem noch jungen Fachgebiet. Darunter waren so praktische Anwendungen wie eine Einrichtung zur Gewinnung von Zucker aus Rüben und sogar eindrucksvolle Feuerwerke, abgefeuert von den Bergen um Jena.
Im Jahr 1817 entwickelte er das Triadensystem, das zum Ausgangspunkt eines natürlichen Ordnungssystems und zum Vorläufer des Periodensystems der Elemente wurde. So konnte Döbereiner auch die Atommasse von Brom vorhersagen, obwohl dieses Element noch gar nicht entdeckt war.

II. Hauptgruppe
4 9,01 1,5 Be Beryllium
12 Mg Magnesium
III. Hauptgruppe
IV. Hauptgruppe
13 26,98 1,5 Al Aluminium
III. Nebengruppe
IV. Nebengruppe
V. Nebengruppe
VI. Nebengruppe
VII. Nebengruppe
VIII. Nebengruppe
I. Nebengruppe
II. Nebengruppe
20 40,08 1,0 Ca
21 44,96 1,3 Sc Skandium
22 47,90 1,5 Ti Titan
23 50,94 1,6 V Vanadin
24 51,996 1,6 Cr Chrom
25 54,94 1,5 Mn Mangan
26 55,85 1,8 Fe Eisen
27 58,93 1,8 Co Kobalt
28 58,70 1,8 Ni Nickel
29 63,55 1,9 Cu Kupfer
30 65,38 1,6 Zn Zink
31 69,72 1,6 Ga Gallium
32 1,8 Ge Germanium
39 88,91 1,3 Y Yttrium
40 91,22 1,4 Zr Zirkonium
41 92,91 1,6 Nb Niob
42 95,94 1,8 Mo Molybdän
43 [97] 1,9 Tc Technetium
44 101,07 2,2 Ru Ruthenium
45 102,91 2,2 Rh Rhodium
46 106,44 2,2 Pd Palladium
47 107,87 1,9 Ag Silber
48 112,40 1,7 Cd Kadmium
49 114,82 1,7 In Indium
50 1,8 Sn Zinn
57* 138,91 1,1 La Lanthan
72 178,49 1,3 Hf Hafnium
73 180,95 1,5 Ta Tantal
74 183,85 1,7 W Wolfram
75 186,21 1,9 Re Rhenium
76 190,2 2,2 Os Osmium
77 192,22 2,2 Ir Iridium
78 195,09 2,2 Pt Platin
79 196,97 2,4 Au Gold
80 200,59 1,9 Hg Quecksilber
81 204,37 1,8 Tl Thallium
82 1,8 Pb Blei
89** [227] 1,1 Ac Aktinium
104 [261] (Ku) Kurtschatovium
105 [262] (Ns) Nielsbohrium
* Lanthanide
58 140,12 1,1 Ce Zer
59 140,91 1,1 Pr Praseodym
60 144,24 1,1 Nd Neodym
61 [145] 1,1 Pm Promethium
62 150,35 1,2 Sm Samarium
63 151,96 1,2 Eu Europium
64 157,25 1,2 Gd Gadolinium
65 158,92 1,2 Tb Terbium
66 162,50 1,2 Dy Dysprosium
67 1,2 Holmium
** Aktinide
90 232,04 Th
91 231,03 1,5 Pa
92 1,7 U
Elektronegativitätswert
Ordnungszahl
Farbe

Verkaufsförderung aus Jena

Das erste Internethandelssystem

Zur CeBIT im Frühjahr 1994 stellte die Jenaer Firma Intershop das weltweit erste voll funktionsfähige Internethandelssystem vor. Dies zu einer Zeit, als das Weltnetz noch als bloßer Tummelplatz von Technikfreaks galt: Übertragen wurden anfangs meist Schriftzeichen, an Bilder war eigentlich nicht zu denken. Der erste Browser, eine Software zur Darstellung von Dokumenten und Daten im World Wide Web, war erst 1993 auf den Markt gekommen. Die wenigen erhältlichen Programme hatten meist den Charme des »Gebastelten«: Kein vertrauenswürdiges Umfeld für Geschäfte.

Das änderte sich dank Intershop. Mit der neuen Software ließen sich die ersten richtigen und stark belastbaren »Internetshops« erstellen und betreiben. Auf Sicherheit und Vertrauenswürdigkeit wurde streng geachtet. So legte man den Grundstein für den Handel über das Internet.

Einen wichtigen Anteil an der hohen Aufmerksamkeit für die Firma hatte auch der Name: Intershop. So hießen in der DDR die Geschäfte, in denen man für westliche Währung verlockende Güter erwerben konnte.

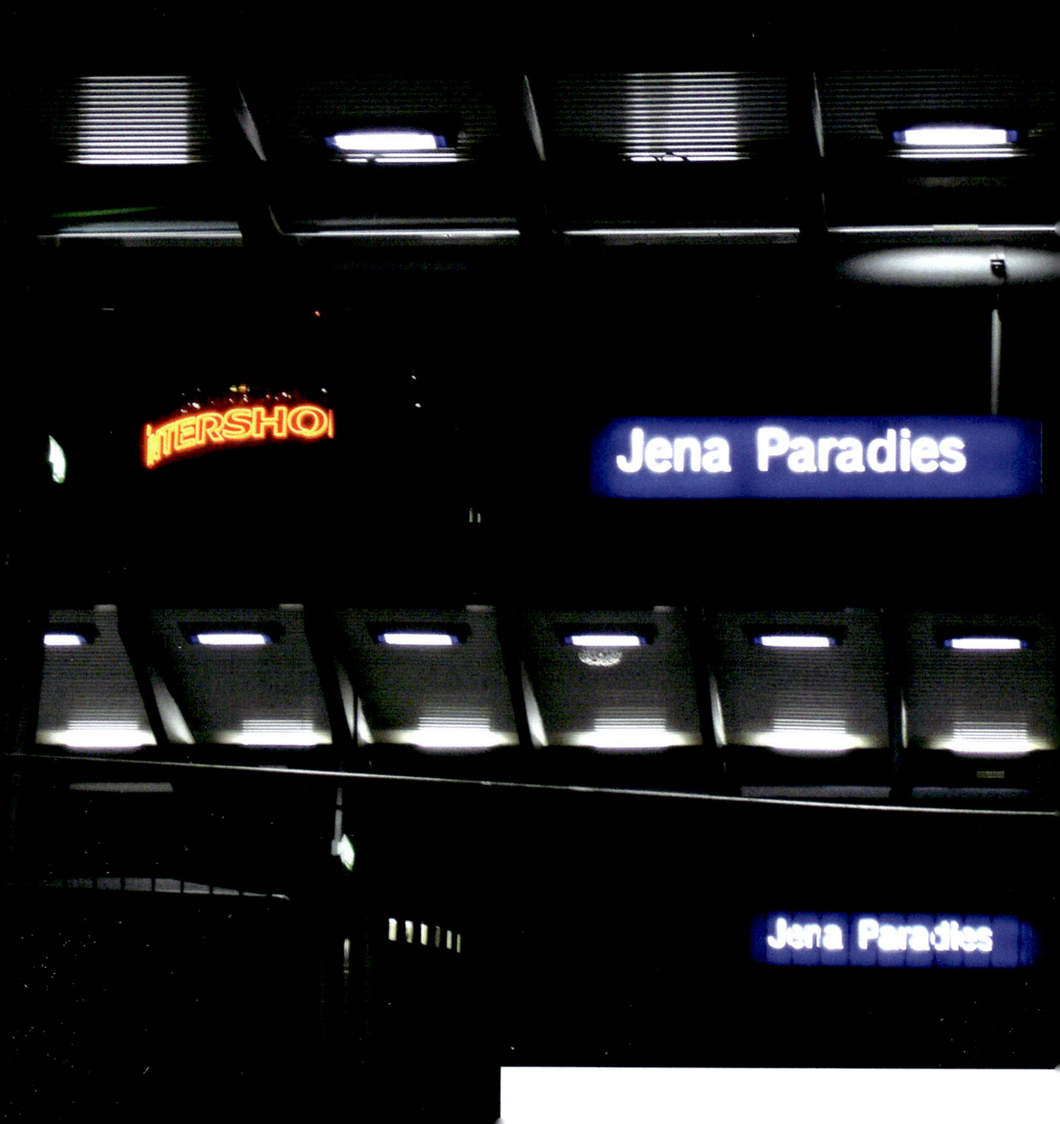
Jena Paradies
Jena Paradies

Feuerfestes Jenaer Glas

Schott

»Gegen Jena liegt nichts vor, außer dem Geruch des Chicoréeauflaufs aus der Jenaer Glasform.« sagte der Schriftsteller Harry Rowohlt anlässlich einer Lesung im Volkshaus. Was beim ersten Hinhören etwas beleidigend wirkt, ist eigentlich ein dickes Lob: Ein Produkt hat Einzug in die Alltagssprache gehalten. Otto Schott (1851 – 1935) ließ seit 1887 mit der finanziellen Hilfe von Carl Zeiß und Ernst Abbe in Jena hitze- und säurebeständiges Glas herstellen. Es hielt eine Vielzahl von Anwendungsmöglichkeiten bereit: Die Herstellung von genauen Thermometern, die Verwendung als Glaszylinder in Gaslampen, Gläser für chemische Experimente und natürlich Glas für optische Zwecke.
Als der Absatz der Lampenzylinder durch die Einführung des elektrischen Lichts abnahm, suchte man neue Einsatzgebiete für feuerfestes Glas. So entwarfen die Bauhauskünstler Gerhard Marcks und Wilhelm Wagenfeld Geschirr für das Kochen und den Haushalt. Ergebnisse waren solche Designklassiker wie die Sintrax-Kaffeemaschine, das Teeservice und eben die Jenaer Glasform. Mit dieser kann man direkt aus dem Ofen auf den Tisch servieren, und die Form sieht auch neben gutem Sonntagsgeschirr edel aus.

Das erste Tischfeuerzeug kommt aus Jena.

Döbereiner

Nimmt heute jemand das kleine praktische Feuerzeug aus der Tasche und bedient es, kann nur der Wind oder das fehlende Gas eine Flamme verhindern. Ursprünglich besagt der Begriff das »Zeug, das man zum Feuermachen braucht«. Das waren zum Beispiel Feuersteine, mit denen man Funken schlug, die dann trockenes Gras oder Zunder entzündeten – also sehr mühsam. Und bei Regen war dieses Unterfangen fast aussichtslos. Der Chemiker Johann Wolfgang Döbereiner (1780 – 1849) entwickelte 1823 in Jena das erste Tischfeuerzeug: Säure reagiert mit einem Metall, dabei entsteht Wasserstoff. Dieser sollte nun eigentlich mit dem Sauerstoff der Luft zu Knallgas reagieren. Da Wasserstoff bei Raumtemperatur recht träge ist, wollte das aber nicht so richtig klappen. So kam sog. Katalysator, eine Art Stimulator für chemische Reaktionen, ins Spiel. Im Fall des Döbereinerschen Feuerzeugs war das ein Stück Platin. Strömt der gewonnene Wasserstoff aus einer Düse am Platin vorbei, entsteht das erwünschte Knallgas. Das Metall erwärmt sich und schon kann man die Zigarre entzünden.

Manchmal kam es jedoch zu heftigeren Explosionen. Deshalb hat sich das Feuerzeug in dieser Form nicht durchgesetzt. Die Entdeckung des Prinzips der Katalyse aber bleibt das Verdienst von Döbereiner. Etwa 80% aller chemischen Erzeugnisse kommen im Laufe ihres Entstehens mit einem Katalysator in Berührung. Stimulation ist eben wichtig ...

Eine nächtliche Wiederentdeckung

Der menschliche Zwischenkieferknochen

Goethe

Am Abend des 27. März 1784 widmete sich Goethe (1749 – 1832) im Jenaer Schloß unter Anleitung von Justus Christian Loder (1753 – 1832) anatomischen Studien. Dabei gelang ihm eine erstaunliche Entdeckung, eigentlich eine Wiederentdeckung. Noch in der selben Nacht schreibt er dazu seinem Freund Johann Gottfried Herder: »Ich habe gefunden – weder Gold noch Silber, aber was mir eine unsägliche Freude macht – das *os intermaxillare* am Menschen! Ich verglich mit Lodern Menschen- und Tierschädel, kam auf die Spur und siehe da ist es. ... Es soll dich auch herzlich freuen, denn es ist wie der Schlußstein zum Menschen, fehlt nicht, ist auch da!«

Der Zwischenkieferknochen (lateinisch: *os intermaxillare*) ist ein Knochen, dessen Grenze zwischen dem äußersten Schneidezahn und dem Eckzahn emporführt. Er war bei verschiedenen Tieren identifiziert, wurde aber dem Menschen (im Unterschied zum Affen) abgesprochen. In der Tat ist er beim erwachsenen Menschen so verwachsen mit dem Oberkiefer, dass die Zwischenkiefernaht äußerlich nicht mehr sichtbar ist. Nur eine Naht-spur weist noch darauf hin – diese heißt heute *sutura Goethei*. Die Existenz des Zwischenkieferknochens, die in der Antike schon einmal bekannt war, wurde zu einem Argument für die evolutive Betrachtung der Naturgeschichte.

Heute gilt diese Entdeckung als wichtige Vorstufe zum Weltbild der modernen Biologie. Der Mensch ist kein spontanes »Produkt« einer Schöpfung, sondern Ergebnis einer langen Entwicklung aus dem Tierreich.

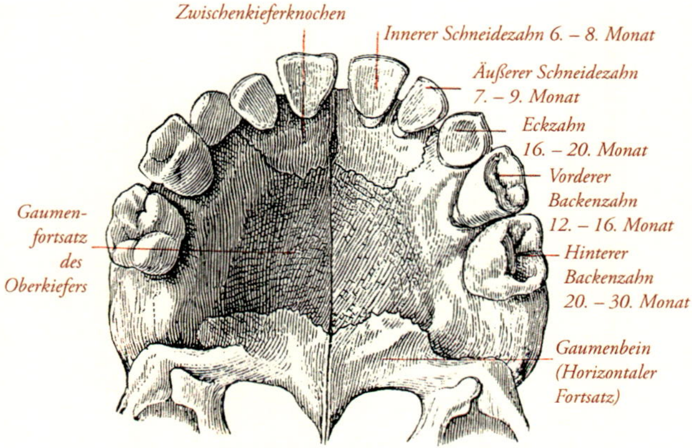

Die Milchzähne des Oberkiefers

Hegels »Phänomenologie des Geistes«

Hegel

Das genialische erste Hauptwerk des damals 36-jährigen Georg Wilhelm Friedrich Hegel (1770 – 1832) ist eines der wirkungsmächtigsten und zugleich schwierigsten Bücher der philosophischen Weltliteratur. Auch wenn sich Hegel später von dem Werk distanziert hat und mit seiner in Nürnberg von 1812 bis 1816 entstandenen Logik einen anderen Ansatz fand, lässt sich die Art seines Denkens anhand der »Phänomenologie« ausgezeichnet studieren. Diese führt vor, wie der Mensch von der naiven Alltagsmeinung zum »absoluten Wissen« gelangt, wie die Vernunft des Menschen zu sich selber kommt und wie der Einzelne so den geistigen Weg der gesamten Menschheit mitgeht. Dass sowohl die Selbst-Bewusstwerdung des einzelnen Menschen als auch die gemeinsame Bildungsgeschichte der Menschheit entfaltet werden, verleiht dem Werk einem gewissen Doppelcharakter, den Verehrer bewundert und Kritiker getadelt haben.

Der »Herrschaft und Knechtschaft« überschriebene Abschnitt der »Phänomenologie« hat im jungem Marx einen leidenschaftlichen Bewunderer gefunden. Hier wird in brillanter Dialektik entwickelt, wie sehr der Herr seinen Knecht braucht – und umgekehrt.

Hegels »Odyssee des Geistes« ist unter abenteuerlichen Umständen entstanden: Als er am Tag der Schlacht von Jena am 14. Oktober 1806 eine Zuflucht suchen musste, da ihn die Franzosen aus seiner Wohnung vertrieben hatten, trug er voller Bangen das eben fertig gewordene Manuskript bei sich. Am Vortag hatte er Napoleon durch die Stadt reiten sehen, den er in einem Brief »diese Weltseele« nannte, die »auf einem Pferd sitzend, über die Welt übergreift und sie beherrscht«.

Ein Geschenk der Saale an den Rhein:

Der Mythos »Loreley« kommt aus Jena.

Brentano

Die Loreley – dieser Mythos des Rheintals, der in Heinrich Heines Worten »Ich weiß nicht, was soll es bedeuten, daß ich so traurig bin ...« und mit der Melodie Friedrich Silchers um die Welt gegangen ist, hat seinen Ursprung verblüffenderweise in Jena. Der in Frankfurt am Main und Koblenz aufgewachsene Dichter Clemens Brentano (1778 – 1842) lebte von Juni 1798 bis 1800 als Student in Jena. Hier arbeitete er an »Godwi oder das steinerne Bild der Mutter«, im Untertitel romantisch »ein verwilderter Roman« genannt. Das Buch enthält Lieder und Balladen, zum Beispiel eben die »Lore Lay«. Sämtliche späteren Bearbeitungen des Stoffes stammen direkt oder indirekt von dieser Dichtung her, Brentano ist der Erfinder der Loreleygestalt. »Angeregt durch die Landschaft des engen Rheintals mit dem hochaufragenden Felsen, dessen doppelte Echowirkung berühmt war, und durch die an den Frauennamen Lore erinnernde Bezeichnung dieses Schieferfelsens – Lourley, Lurleiberg beziehungsweise Lurleifelsen – hatte er die tragische Geschichte einer unwiderstehlichen Frau erfunden, die alle Männer verhext. Die Bemühungen germanistischer und volkskundlicher Quellenforschung ... haben keine Vorlage für Brentanos Liebesdichung aufspüren können«. *Hartwig Schultz*

Im Unterschied zu ihren Nachfolgerinnen von Eichendorff bis Heine ist Brentanos Loreley unglücklich über die magische Wirkung, die von ihr ausgeht und stürzt sich in den Rhein.

Der Loreleyfelsen ist eine der beliebtesten Sehenswürdigkeiten in Deutschland. Das liegt an seinem majestätischen Anblick und der sagenhaften Geschichte, die in Jena ersonnen wurde.

Die Jungfrau sprach: „Da gehet
Ein Schifflein auf dem Rhein,
Der in dem Schifflein stehet,
Der soll mein Liebster seyn.

Mein Herz wird mir so munter,
Er muß mein Liebster seyn!« –
Da lehnt sie sich hinunter
Und stürzet in den Rhein.

Die Synopse, eine Jenaer Erfindung

Griesbach

Die Bibel ist nicht nur ein Glaubensbuch, sondern auch ein in Jahrhunderten gewachsenes, aus vielen Büchern bestehendes Stück Weltliteratur.
Zur Zeit der europäischen Aufklärung untersuchten viele Gelehrte und Schriftsteller, unter ihnen Gotthold Ephraim Lessing und Johann Gottfried Herder, gerade die poetischen und historischen Aspekte der biblischen Bücher. Zum Umkreis dieser Aufklärer gehörte auch der Jenaer Theologieprofessor Johann Jakob Griesbach (1745 – 1812; seit 1775 in Jena). Seine kritische Ausgabe des Neuen Testaments blieb lange Zeit maßgebend. Bis heute aber ist eine ganz einfache Griesbachsche Erfindung von höchstem Nutzen für Theologen, Philologen und Historiker: die Synopse.
Aus der Beobachtung, dass die drei Evangelien von Matthäus, Markus, Lukas einander sehr ähnlich sind, während das vierte, das Johannes-Evangelium, völlig anders aufgebaut ist, zog der Wissenschaftler eine praktische Folgerung. Er veröffentlichte 1776 eine Ausgabe der ersten drei Evangelien, in der diese nicht hinter-, sondern nebeneinander abgedruckt sind, so dass der Leser die einander entsprechenden Abschnitte vergleichen und erkennen kann, an welchen Stellen die Evangelisten unterschiedliche Akzente gesetzt haben. So erzählt Markus nichts von einer Geburt Jesu, Matthäus kennt nur die Weisen aus dem Morgenland und Lukas wiederum nur die Hirten in Bethlehem. Seit Griesbachs synoptischer Ausgabe werden die ersten drei Evangelisten »Synoptiker« genannt.
Das »Synoptische Problem«, das heißt die Frage, wie die Gemeinsamkeiten und Unterschiede zwischen den Texten zu erklären sind, beschäftigt die Forschung bis heute.

200. (191.) Die Tempelreinigung.

Mark 11 15—19

15 Καὶ ἔρχονται εἰς Ἱεροσό-
λυμα. καὶ εἰσελθὼν εἰς τὸ ἱερὸν
ἤρξατο ἐκβάλλειν τοὺς πωλοῦν-
τας καὶ τοὺς ἀγοράζοντας ἐν
τῷ ἱερῷ, καὶ τὰς τραπέζας
τῶν κολλυβιστῶν καὶ τὰς κα-
θέδρας τῶν πωλούντων τὰς πε-
ριστερὰς κατέστρεψεν 16 καὶ
οὐκ ἤφιεν, ἵνα τις διενέγκῃ
σκεῦος διὰ τοῦ ἱεροῦ. 17 καὶ
ἐδίδασκεν καὶ ἔλεγεν αὐτοῖς·
οὐ γέγραπται ὅτι ὁ οἶκός μου
οἶκος προσευχῆς κληθήσεται
πᾶσιν τοῖς ἔθνεσιν; ὑμεῖς δὲ
πεποιήκατε αὐτὸν σπήλαιον
λῃστῶν.

18 Καὶ ἤκουσαν οἱ ἀρχ-
ιερεῖς καὶ οἱ γραμματεῖς, καὶ
ἐζήτουν πῶς αὐτὸν ἀπολέσωσιν·
ἐφοβοῦντο γὰρ αὐτόν,

πᾶς γὰρ ὁ ὄχλος ἐξεπλήσσοντο
ἐπὶ τῇ διδαχῇ αὐτοῦ. 19 καὶ
ὅταν ὀψὲ ἐγένετο, ἐξεπορεύετο
ἔξω

Luk 19 (45—46) 47—48

45 Καὶ εἰσελθὼν εἰς τὸ
ἱερὸν ἤρξατο ἐκβάλλειν τοὺς
πωλοῦντας,

46 λέγων αὐτο
γέγραπται· καὶ ἔσται ὁ οἶ
μου οἶκος προσευχῆς·
ὑμε
αὐτὸν ἐποιήσατε σπ
λῃστῶν.
47 Καὶ ἦν διδάσκω
ἡμέραν ἐν τῷ ἱερῷ·
ιερεῖς καὶ οἱ
ἐζήτουν αὐτὸν
καὶ οἱ πρῶτοι τοῦ
οὐχ εὕρισκον τὸ τ
ὁ λαὸς γὰρ ἅπ
αὐτοῦ ἀκούων.

s. 21 37 (2

Matth

1 12—13 (198. S. 160f.):
αὶ εἰσῆλθεν Ἰησοῦς εἰς
ερὸν τοῦ θεοῦ, καὶ ἐξέ-
εν πάντας τοὺς πωλοῦν-
καὶ ἀγοράζοντας ἐν
ἱερῷ, καὶ τὰς τραπέζας
ν κολλυβιστῶν κατέστρε-
ν καὶ τὰς καθέδρας τῶν
ωλούντων τὰς περιστεράς·

13 καὶ λέγει αὐτοῖς·
γέγραπται· ὁ οἶκός μου
οἶκος προσευχῆς κληθή-
σεται, ὑμεῖς δὲ
αὐτὸν ποιεῖτε σπήλαιον
λῃστῶν.

s. 22 33

Carotin und Koffein wurden in Jena entdeckt.

Wackenroder

Man kann es in modernen Lexika nachlesen: Carotin (lateinisch *carota* = die Möhre) ist ein gelbroter fettlöslicher Naturfarbstoff, zugleich das Provitamin (die biologische Vorstufe) des Vitamins A. Der Stoff Carotin wurde schon 1831 entdeckt: Heinrich Wilhelm Ferdinand Wackenroder (1798 – 1854) isolierte ihn aus der Mohrrübe. Wackenroder, von Haus aus Apotheker, studierte in Göttingen und Erlangen und wurde 1828 als außerordentlicher Professor für Chemie und Pharmazie nach Jena berufen, wo er bis zu seinem Tode als vielseitiger Lehrer, Forscher und Praktiker wirkte. Für Goethe wurde er in dessen letzten Lebensjahren zum Gesprächspartner in pflanzenphysiologischen Fragen. Wackenroder hatte schon 1826 aus den Wurzeln des Hohlen Lerchensporns (*Corydalis cava*) das Alkaloid Corydalin isoliert. Den Hohlen Lerchensporn kann man in jedem Frühjahr unter anderem im Garten des Jenaer Haeckel-Hauses blühen sehen.

Runge

Ein anderes Alkaloid, das Koffein, entdeckte 1819 in Jena der junge Pharmazeut und Chemiker Friedlieb Ferdinand Runge (1795 – 1867) auf direkte Anregung Goethes. Runge erinnerte sich später: »Nachdem mir Goethe seine größte Zufriedenheit über meine Arbeit ausgesprochen hatte, übergab er mir noch eine Schachtel mit Kaffeebohnen, die ein Grieche ihm als etwas ganz vorzügliches gesandt. ›Auch die können sie zu ihren Untersuchungen brauchen‹, sagte Goethe. Er hatte recht, denn bald darauf entdeckte ich darin das wegen seines hohen Stickstoffgehaltes so berühmt gewordene Koffein.«

Initialwerk der modernen Kinderpsychologie

»Die Seele des Kindes« aus Jena

Preyer

Der in England geborene, seit 1855 in Deutschland lebende William Thierry Preyer (1841 – 1897) war von 1869 bis 1888 Professor für Physiologie in Jena. Von Ernst Haeckel inspiriert, interessierte er sich besonders für die stufenweise Entwicklung der Kinderseele. Seine Grundannahme war, dass sich in der seelischen Entwicklung eine Analogie zur gesamten Evolution finden lassen müsse.

Mit der Geburt seines Sohnes Axel am 23. November 1877 begann der Vater ausführliche psychologische und physiologische Beobachtungen, die er oft mehrmals am Tage niederschrieb. Im Jahre 1882 erschien dann das Buch »Die Seele des Kindes. Beobachtungen über die geistige Entwicklung des Menschen in den ersten Lebensjahren«.

Damit gilt Preyer im einhelligen Urteil der Fachwelt als Begründer der modernen Kinderpsychologie. Man hatte zwar schon vorher psychologische Beobachtungen an Kindern unternommen, doch waren diese nie so systematisch und vor allem nicht in ausreichendem Maße wissenschaftlich fundiert. Das Buch erschien in zahlreichen Auflagen, wurde ins Englische, Russische, Französische und Spanische übersetzt und inspirierte eine Reihe weiterer kinderpsychologischer Arbeiten. Auch von der Pädagogik wurde es dankbar aufgenommen.

Im 20. Jahrhundert entwickelten die Vertreter der Kinder- und Entwicklungspsychologie William Stern, Karl Bühler und Jean Piaget die Gedanken aus Jena weiter.

Eine Urform der Farbfotografie kommt aus Jena.

Seebeck

Der aus dem Baltikum stammende Kaufmannssohn Thomas Johann Seebeck (1770 – 1831) hatte Medizin studiert und ließ sich als Privatgelehrter in Jena nieder, um sich der physikalischen Forschung zu widmen, die ihm mehr zusagte. Goethe fand in ihm einen Gesprächspartner in Sachen Farbenlehre. Zudem interessierte sich Seebeck für die damals hochmoderne spekulative Naturphilosophie des Jenaer Frühromantikers Schelling, der einer empirischen Naturforschung eher skeptisch gegenüber stand. Andererseits aber liebte Seebeck das Experiment und folgte damit dem Vorbild seines Mitbürgers Ritter, der das ultraviolette Licht nachwies. Seebeck unternahm in Jena Versuche zur Photolumineszenz (anhand von sogenannten »Leuchtsteinen«), zur Wirkung farbiger Beleuchtung auf Pflanzen und zur Lichtwirkung auf Silberverbindungen. Bei letzterem Experiment ließ er durch ein Prisma gebrochenes Licht auf mit Hornsilber (Silberchlorid) bestrichenes Papier fallen und konnte beobachten, dass es die Farben annahm, mit denen es beleuchtet worden war. Damit waren erstmals Farben in dieser Weise auf Papier gebannt worden, damals allerdings nur für eine kurze Frist. Dieses Experiment von 1810 gilt als ein Vorläufer der Farbfotografie.

Einziger Theaterbau des Bauhauses

Gropius

Theater hat es in Jena durch die unmittelbare Nachbarschaft von Weimar und Gera mit ihren großen Häusern immer schwer gehabt. Zaghafte Versuche eine kleine Bühne zu etablieren blieben nicht sehr erfolgreich. 1921 wurde dem Generalintendanten des Deutschen Nationaltheaters in Weimar, Ernst Hardt, der Vorschlag unterbreitet, sein Ensemble auch in Jena auftreten zu lassen. Zugleich beauftragte die Stadt Jena den mit Hardt befreundeten Direktor des 1919 in Weimar gegründeten »Staatlichen Bauhauses« Walter Gropius (1883 – 1969) und dessen Baubüro mit den Umbauarbeiten des alten Theatergebäudes in Jena. Anfänglich kam es zwischen den Stadtbehörden und Gropius zum Streit um Finanzen, Zuständigkeiten und Ausführung. Erst Ende 1921 begannen die Arbeiten nach Plänen von Walter Gropius und Adolf Meyer. Am 24. September 1922 wurde das Haus mit Goethes »Torquato Tasso« eröffnet. Es war der erste Bau von Gropius in Thüringen und blieb sein einziger Theaterbau. Kritiker aus ganz Deutschland begrüßten den Einzug modernster Architektur in die Saalestadt. Nun stand direkt am Schillerhaus ein Schlüsselwerk des Neuen Bauens.

Der Gropiusbau überlebte unbeschadet sowohl die Vertreibung des Bauhauses aus Thüringen, die Nazizeit und die Bombardierungen des Zweiten Weltkrieges. Bereits 1945 begannen aber Planungen zur Veränderung des Theaters. Die Architektur des Bauhauses fand keinen Anklang mehr. Ein vergrößernder Umbau in den 1950er Jahren tilgte alle sichtbaren Zeugnisse des Gropiusbaus. 1987 wurde schließlich der Zuschauerraum abgerissen. Theater spielt man seither im Bühnenhaus.

Das Jenaer Stadttheater 1926 – im Hintergrund das Schillerhaus

Der Spurennachweis aus Jena

Der »Tatort« und das Hollywood-Kino kommen ohne solche Bilder nicht aus: der zunächst sauber anmutende Ort eines möglichen Gewaltverbrechens wird mit Hilfe einer aufgesprühten Flüssigkeit und blauem Licht zur Stätte des Grauens – alle Blutreste leuchten geisterhaft, der Kommissar schreitet bedeutungsvoll durch die Szene und wird dank dieses Nachweises den Fall lösen.
Der Chemiker und Kriminologe Walter Specht (1907 – 1977) entwickelte 1937 an der Universität Jena zum ersten Mal den Nachweis von Blut mithilfe der chemischen Sustanz Luminol ($C_8H_7N_3O_2$). Dieser Stoff ist gelblich bis grünlich schimmernd und in Wasser unlöslich. Der Blutfarbstoff Hämoglobin ist für den Leuchteffekt des Luminols verantwortlich. Mit dem Test ist es möglich, auch winzige Blutmengen im Urin nachzuweisen, wodurch Urinflecken ebenfalls »positiv« erscheinen. Kriminalisten in der ganzen Welt nutzen diese schnelle und unaufwändige Methode. Ihr Erfinder Walter Specht verließ 1938 Jena, war Gerichtsmediziner bei der Deutschen Wehrmacht und Professor in Breslau. Nach dem Krieg war er beim bayerischen Landeskriminalamt beschäftigt.

Die Bedeutung seiner Erfindung steht außer Frage. Allerdings war er als Mitglied der Nazi-Partei und SS-Hauptscharführer ein Träger des verbrecherischen Hitlerregimes, dessen Untaten mit anderen Mitteln aufgeklärt werden müssen.

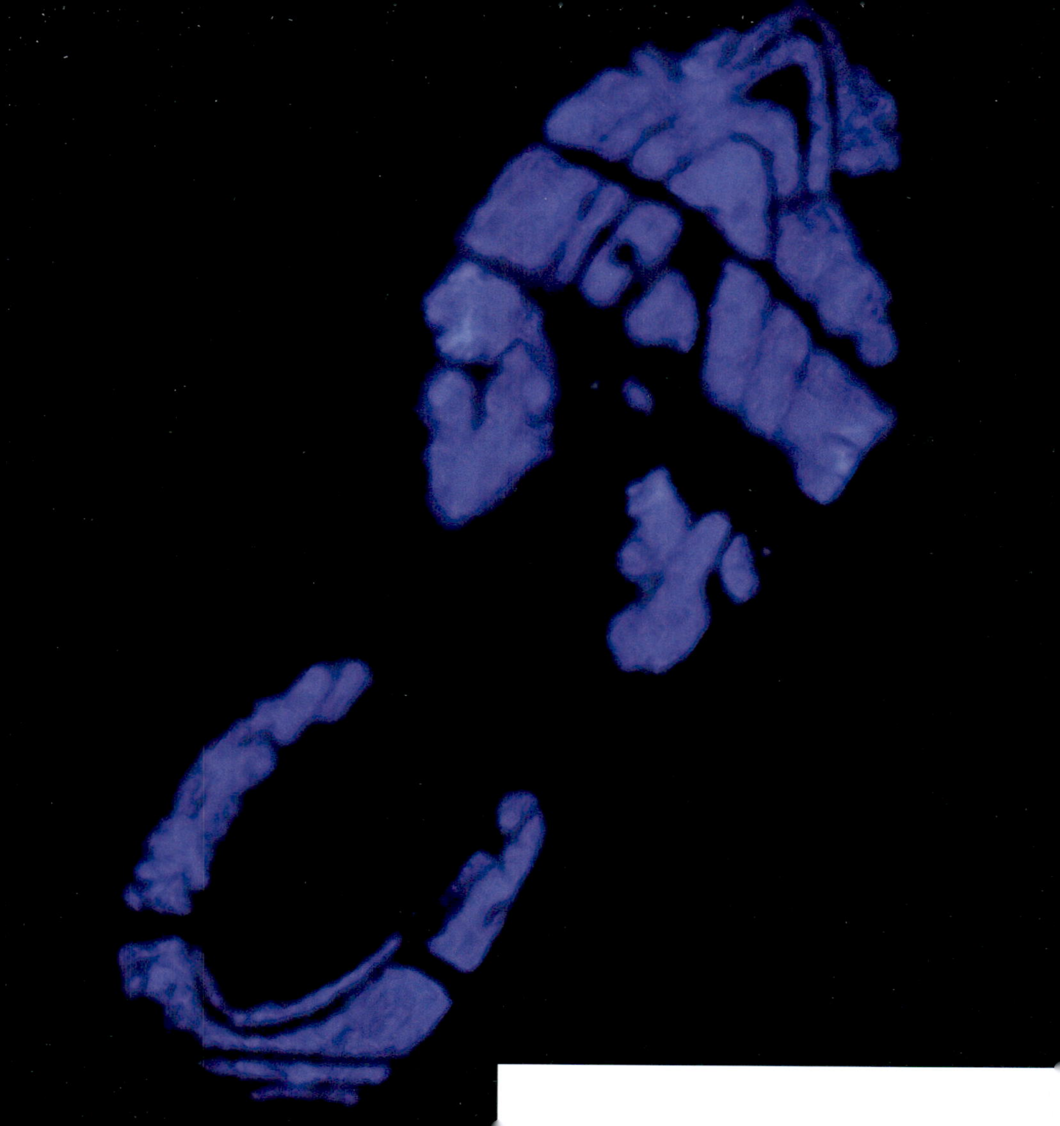

Hoffnung für Warzenpatienten

Neue Heilmethode in Jena entwickelt

Warzen sind nicht nur unschön anzuschauen, sie sind auch schwer zu behandeln. Die Hautgeschwülste entstehen durch eine Vireninfektion, die sehr leicht eintreten kann. Hinweise, wie man die kleinen Auswüchse wieder los wird, gibt es vielfältige. Oft stehen volkstümliche und abergläubische Vorstellungen dahinter. Die Medizin setzt derzeit meist auf chirurgische Entfernung oder auf Vereisung. Hier sind aber die Rückfälle häufig und nach der Operation können Schmerzen auftreten.
An der Hautklinik der Universität Jena wird seit dem Jahre 2002 eine neue, schmerzfreie Therapiemöglichkeit angewandt, die auf die Stimulation des Immunsystems der Patienten baut. Eine Forschungsgruppe um den Direktor Prof. Dr. Peter Elsner hat auf wassergefiltertes Infrarot-A-Licht (wIRA) zurückgegriffen. Entscheidend dabei ist, dass nur die tiefenwirksamen Strahlenanteile den Filter passieren, hautbelastende Anteile dagegen nicht. Die übrig gebliebene Infrarot-A-Strahlung dringt besonders tief in die Haut ein. So kommt es zu einer lang anhaltenden Durchwärmung der Warzenumgebung. Dadurch verbessert sich die Durchblutung, sie steigert die Immunabwehr und die Warze schwillt ab. Hautzellen werden durch diese Behandlung nicht überwärmt, es treten keine Nebenwirkungen auf. Bei den meisten Patienten schlägt die Methode gut an – und sie fühlen sich dann wieder wohl in ihrer Haut.

Impressum · Dank

Siebente Auflage 2018

Herausgeber: DominoPlan
Arnold + Nawrotzki GbR · Johann-Friedrich-Straße 26 · 07745 Jena
Telefon: 03641 829298 · E-Mail: info@dominoplan.de
www.dominoplan.de

Texte
Kristian Philler und Martin Stiebert, überarbeitet von André Nawrotzki
Die Textsammlung ist der Recherche für die Ausstellung »Lichtstadt Jena« 2006 im Stadtmuseum Jena von JenaKultur zu verdanken und wird seitdem kontinuierlich weitergeführt.

Dank
Stefanie Müller · Jenny Brys · Susann Baumert
Dr. Matthias John Axel Kuhn · Conrad Hellmann · Dr. Rüdiger Stutz
Dr. Wolfgang Wimmer · Prof. Peter Kaupp · Prof. Dr. Gerhard Lingelbach
Birgitt Hellmann · Dr. Sven Schlotter · Katrin Philler

Fotos
Titel: Sebastian Reuter
Inhalt: istockphoto Nina Shannon, Trout55, Lightguard, Andrzej Burak
Sternevent GmbH · Friedrich-Schiller-Universität Jena · ZEISS Archiv
Wikipedia · Wikimedia · Privat

Gestaltung
Erste bis fünfte Auflage: Kristian Philler
Neufassung ab sechster Auflage: DominoPlan · André Nawrotzki

Dieses treffliche Büchlein
ist auch auf Englisch erhältlich.

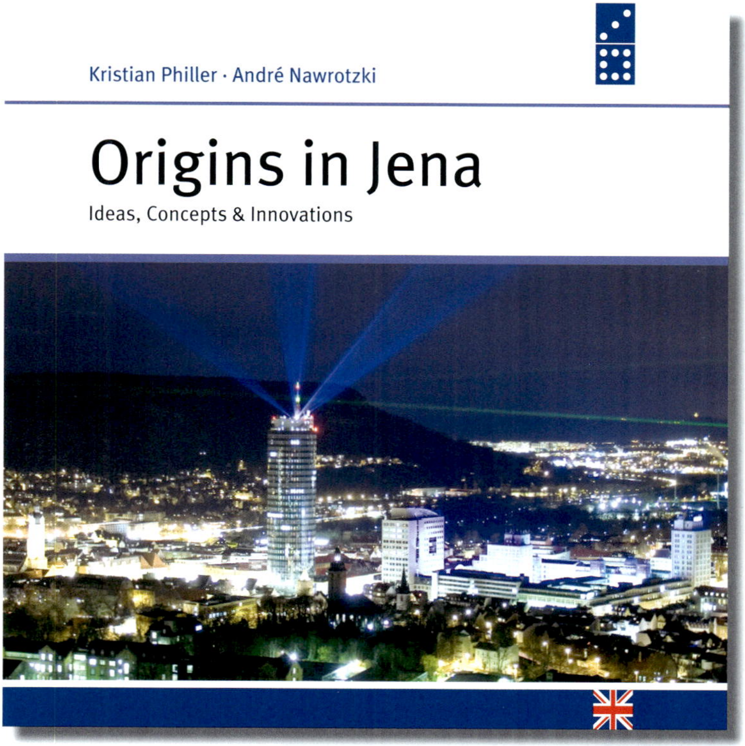

Weitere Editionen bei **DominoPlan**

Jenas Stadtgeschichte
anhand alter und
neuerer Stadtpläne
Buch · 21 x 21 cm
70 Seiten · 18,00 EUR

Apoldas Stadtgeschichte
anhand alter und
neuerer Stadtpläne
Buch · 21 x 21 cm
60 Seiten · 12,95 EUR

Die Geschichte
der Anatomie in Jena
Buch · 21 x 21 cm
60 Seiten · 15,00 EUR

Zehn thematische
Stadtrundgänge
in Jena
Mappe mit
Karten DIN A6
5,00 EUR

Der Jenaer Planeten-
weg und Erläuterung
zu allen Planeten
Heft · 15 x 15 cm
24 Seiten · 3,00 EUR

Mehr noch unter
www.dominoplan.de